环球科学新知丛书

Mysteries of the Mind

大脑驭手

认知科学如何探索颅内宇宙

《环球科学》杂志社 编

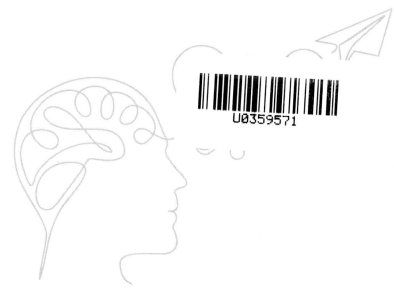

U0359571

机械工业出版社

CHINA MACHINE PRESS

认知科学是一门前沿新兴学科，是对大脑处理信息整体运作机制的全面研究。它探索大脑的思维模式，揭示大脑的运行机制，破解人类的心智奥秘。它是认知心理学、认知神经科学、计算机科学、语言学、人类学、哲学等学科交叉发展的结果。

本书从三个方面向读者展示了大脑是怎样运转的，它在哪些方面影响了人的意识和行为；如何让大脑更健康；未来我们能否控制或改变大脑。16 个神秘有趣的研究课题让我们与大脑深度对话，与认知科学亲密接触。

图书在版编目（CIP）数据

大脑驭手：认知科学如何探索颅内宇宙 /《环球科学》杂志社编. — 北京：机械工业出版社，2023.7
（环球科学新知丛书）
ISBN 978-7-111-72858-0

Ⅰ.①大… Ⅱ.①环… Ⅲ.①认知科学–研究 Ⅳ.①B842.1

中国国家版本馆CIP数据核字（2023）第051230号

机械工业出版社（北京市百万庄大街22号　邮政编码100037）
策划编辑：卢婉冬　　　　　　责任编辑：卢婉冬
责任校对：韩佳欣　张　薇　　责任印制：张　博
北京汇林印务有限公司印刷
2023年7月第1版第1次印刷
148mm×210mm·7.625印张·142千字
标准书号：ISBN 978-7-111-72858-0
定价：59.00元

电话服务　　　　　　　　　　网络服务
客服电话：010-88361066　　机 工 官 网：www.cmpbook.com
　　　　　010-88379833　　机 工 官 博：weibo.com/cmp1952
　　　　　010-68326294　　金 书 网：www.golden-book.com
封底无防伪标均为盗版　　机工教育服务网：www.cmpedu.com

前　言

认识你的大脑

————

2003 年，一位名为 TN 的患者在连续两次中风后失明；由于大脑后部的初级视皮层受损，他完全丧失了视力，尽管他的眼睛本身仍然健康。在他失明后的一次检查中，研究人员惊讶地发现，TN 小心翼翼地在一条走廊上穿行，走廊上满是翻倒的椅子、散落的箱子和其他障碍物，但 TN 没有撞到任何东西。对于一个完全失明的人来说，这怎么可能呢？

人类的大脑能够做出许多非凡的壮举。在本书中，科学家们为我们展示了大脑是怎样运转的，它在哪些方面影响了人的意识和行为；如何让大脑更健康；未来我们能否控制或改变大脑。本书提供了 16 个神秘有趣的研究课题和阶段性成果，深度破解大脑的奥秘，带领我们走进认知科学的世界。这些关于认知领域的研究，不但让我们对大脑有了深刻的认识，对它的思维模式和运行机制有了深入的理解，还能在某种程度上改善我们的心理健康。

在 TN 的案例中，他的医生和其他研究人员将他的情况描述为"盲视力"，他们还发现大脑可以对视网膜接收到的信号起作用，即使人不知道自己正在看什么。事实上，无论我们是否意识到，大脑都会感知和处理信息。功能核磁共振扫描的结果显示，大脑甚至可以在我们意识到自己做出决定之前就做出了决定。检测结果表明，意识是可以存在的，但在植物人身上，这种检测会失效。新的研究表明，只有一小部分的昏迷患者是完全清醒的。

大脑如此重要，我们应如何促进它的健康呢？三种类型的冥想有助于以较少的精力实现专注、减少焦虑、改善睡眠。在一系列有助于预防阿尔茨海默病的方法中，积极的社交活动和地中海饮食法是两种有效的方法。一些大脑训练方案也可以预防痴呆症。我们都知道，没有什么比睡个好觉更能增强情绪稳定、记忆力、免疫功能和荷尔蒙平衡的了。然而，睡眠的科学基础仍然是个谜。

正如拉斐尔·尤斯蒂（Rafael Yuste）和乔治·M. 邱奇（George M.Church）指出的那样，一个世纪以来，对大脑的研究只是让我们慢慢全面了解了这一最重要的人体器官。基于 DNA 和光遗传学等新技术，我们的研究无疑会被推向更深的层次，未来几年，神秘的人类思维可能仍然是生物学领域的最前沿方向。

安德烈娅·加列夫斯基
（Andrea Gawrylewski）

目　录

第 **3** 章
研究前沿

大脑
驭手

认知科学如何
探索颅内宇宙

第 1 章

隐藏的心

作为艺术的意识

————

尼古拉斯·汉弗莱(Nicholas Humphrey)
张倍祯 **译** 徐宁龙 **审校**

意识对我们很重要。很多人会说它比任何东西都重要。当我们津津有味地欣赏着冬天的美丽落日时,当我们久别归乡引燃熟悉的回忆时,当我们感受爱人令人着迷的轻抚时,有意识的感觉是我们个体存在的核心。如果没有意识这个奇迹,我们将会是生活在沉闷世界里的可怜生物。意识的本质仍然是一个科学谜题。然而,我们并不是完全不了解意识——相对来说,意识的某些方面其实并不那么难以解释。但意识让人困扰的方面在于:每个人对意识的"感受"或"表象特性",正如哲学家托马斯·内格尔(Thomas Nagel)说的"意识是什么样子的"。生物学家艾伦·奥尔(Allen Orr)的观点可能代表了大多数科学家的想法。在最近的一篇关于内格尔的《心灵与宇宙》这本书的评论中，奥尔写道："我和内格尔都感觉这是个谜。大脑和神经元显然与意识相关，但这些单纯的物体是如何产生奇异多样的主观体验的，却是极度难以理解的。"

理论学家分成两大阵营。有一些人断言，主观体验的这种明显奇异而又不可言喻的特性，只能意味着这些非物质的特性是宇宙内在的组成部分。另一些人，包括我，则对此表示怀疑。我们认为意识可能更像是一场"物质的人脑诱使人们相信并不存在的特性"的魔术表演。

但是没有人愿意去听后一个故事！所以我要试着以另一种方式讲述这个故事。虽然我相信意识确实是大脑的舞台魔术，但我想说的是它也是一个艺术天才的神来之笔。把意识作为艺术，肯定比把它作为幻觉更容易接受。我并不只是为了将一个难以接受的理论变得更友好；我还希望它能够影响到科学家如何提出进一步的科学问题。

关于痛苦的体验

假设你戳了你的拇指，你的大脑对来自拇指的信号做出反应，产生了对应伤害的神经发放，这被称为痛觉的神经表征。客观地说，这种反应无非是神经细胞的活动。然而，从你的主观角度来看，这种体验就是一种有意识的疼痛。

这种转变是怎么发生的呢？怎么会出现方程式的一边是物质而另一边是非物质的意识这种情况呢？哲学家认为这里存在着一个"解释鸿沟"。正如科林·麦金（Colin McGinn）所说："这正如你断言数字从饼干中产生，或伦理从食用大黄中产生"。

我是个科学家。但是当哲学怀疑论者这样说的时候，我认为他们可能是对的。你真的不能从饼干中得到数字；同样的道理，如果不把痛觉设想为大脑分泌出来的某种物质，你是无法解释痛觉是如何从神经细胞中产生的。

但是，如果这只是以一种错误的方式来设想痛觉呢？如果痛觉仅仅是你神经活动构造出来的"内在图像"呢？进而言之，如果这实际上只是你的大脑像表演魔术一般虚构出来并使你相信的画面呢？

这是一些大胆的假设，我们应该小心求证。我相信这些解释中有一部分肯定是正确的，但是其他的理论学家对这种想法表示怀疑甚至蔑视。在《你只是一个幻觉吗？》一书中，英国哲学家玛丽·米奇利（Mary Midgley）的答案是掐她自己一下，感受一下这种感觉的实在性，然后切实地说"不要犯傻了"。

如果接受自我意识是一个幻觉，这就意味着自己的存在可能只是某种错误，米奇利难以接受这种观点。但是，让我换个方式来讲述这个故事。如果我们这样来设想：当你看到红色或者品尝一个柠檬的时候，你的大脑正在创造一种类似立体绘画的东西，是艺术性地再现事实，而不是扭曲事实。对此，你会觉得如何？如果米奇利能够被说服她实际上是一件杰出的艺术品，她是否会感觉好一些呢？

意识的定义

让我们退一步，这样我们就可以利用这个新想法在更普遍意义上理解意识。尽管奥尔所关注的意识的"迥异多样的现象特性"可能仍然是症结所在，然而我们不应该从一开始就假设关于意识的一切都是无法解决的困难。事实上，对意识的科学性理解已经迈出了直截了当的第一步。

我们应该从给意识一个明确的定义开始。虽然有不同的意见，但我认为作为开始，不妨简单地将意识描述为通往精神状态的内省途径。也就是说，意识的主体——你，可以通过观察你自己的想法而了解自己的感知、记忆、愿望等心理状态。

请注意，这里只有一个你。当你感到疼痛，或你想吃早餐，或你记得你母亲的脸，在每种情况下都是同样的你。这种统一在逻辑上并不是必然的。相反，理论上你的大脑可以容纳代表不同心智模块的多个独立版本的你。事实上，这可能正是你出生时的最初状态。然而当你开始生活，你的身体开始与这个世界进行互动时，这些分离的主体则很快协同运作起来，从而合而为一。你的可以感知的自我、可以记忆的自我，以及可以行动的自我，都会逐渐融入同一个主体，一个更大的你。

自我的统一性是意识最重要的功能：即提供一个内心世界的交互平台，用于实现计划与决策。这使你的大脑能够将不同模块的信息摆在同一个台面上，实现这些模块之间富有成效的交流。这种整合实现了一种以中央处理器的形式来识别不同的模式，衔接过去与未来，以及分配优先级等等。计算机程序员可能会称这种中央处理器为"专家系统"，而不是智能自动驾驶仪。但你可以把这个飞行员称为"我"。

当所有这些活动都发生在同一个舞台上时，意识就变成了一个可供心灵引擎进行表演的剧场。你发现你可以反思正在发生的事情。这种自我反思的能力为意识的第二个重要功能提供了支持：允许你了解自己的思维是如何运作的。比如，当你思考信仰和欲求是如何产生愿望并引起行为时，你会发现你的思想有清晰的心理学结构。这时，你开始领悟你为什么要这样思考和行动：你可以向自己或者向别人解释你的想法和行为。更重要的是，你有了一个模型可以用于理解他人的想法和行为。意识奠定了心理学家称之为"心智理论（theory of mind）"的基础。

到现在为止进展很好，通过理解意识的两个重要功能，和把意识比作剧场的隐喻，我们给意识下了定义。但我们还没有提出关于错觉的问题，所以目前为止我们关于意识的描述并不是那么难以理解。事实上，神经科学家已经在大脑如何实现我们所说的这些特征中的一些方面取得了重要进展。巴黎法兰西学院的斯坦尼斯拉斯·迪昂（Stanislas Dehaene）一直在绘制他称之为"全局神经工作空间"的模型。威斯康星州麦迪逊大学的朱利奥·托诺尼（Giulio Tononi）提出了一个"信息整合"的统计模型。位于美国西雅图的艾伦脑科学研究所的克里斯托夫·科赫（Christof Koch，同时是《科学美国人》顾问委员会成员），已经确定了大脑中的屏状核（claustrum）可能是这个意识剧场主持的候选人。

奇异的特性

正在浮现的画面可能并不令人费解，也并不奇怪。那么内格尔所说的"意识是什么样子的"这种奇异的特性在哪里？令哲学家抱怨的意识表象特性又在哪里？

我们应该注意到，我们所讨论的这种特性并没有渗透到意识的每一个方面。事实上（虽然不是每个人都同意），我想说这种奇异的特性并不是高级认知的特征。对你来说，当你想到二加二等于四的时候，并不存在"它是什么样子"这样的问题。更确切地说，这种特性似乎只在更动物性的层面上，通过表现身体感觉器官上发生的事情来起作用。在你意识到的各种心理状态中，也只有你的感觉才具有这种特殊的维度。

感觉的这种特殊性质被哲学家称为"感受质"（qualia）。尽管科学家不经常使用这个术语，但不可否认，感受质给自然科学带来了巨大的挑战。科赫写信给我说："大脑物质会散发出这些惊人的感觉，这真是太奇怪了。意识是如此生动，它的特性是如此超凡脱俗。"他可能在半开玩笑，但谁又会笑呢？除了借助某种超自然的力量，我们还能去哪里？

大多数理论学家现在都承认，沿着我前面画的分界线，只有两种选择可以被认真对待。我们可以成为感受质的现实主义者，否则我们必须成为幻觉论者。不幸的是，这两种选择都要付出相当大的代价。

现实主义者从表面上解读感受质。在他们看来，如果你的感觉似乎具有超出物理学范畴的性质，那么它们确实具有这种性质。这些现实主义者在解释他们的推理时提出，感觉背后的大脑活动已经具有产生意识的潜能，而这种意识潜能是大脑活动的一种物质性属性。虽然这一属性尚未被物理学所认识，但是，"你"，这个意识的主体，却能够以某种方式接触到。然而这种解释是有代价的，它意味着现有的物理学对世界的描述根本不完整。

幻觉论者持相反的观点。如果你的感觉似乎具有这些特性，这就意味着你的物质性的大脑正在捉弄你。你的大脑可以产生这样的神奇效果，是因为它里面有一个进行符号处理的计算引擎，而基于物理的符号可以完美地代表不存在和不可能存在的事物状态。这种解释的代价是，它不仅贬低了核心体验的神秘性，而且贬低了它的庄严性。

艺术而非幻觉

正如我所说，我属于幻觉论者阵营。多年来，我为自己的立场提供了广泛的心理学和进化论论据。但即使幻觉论在科学上是正确的，我也很理解为什么它不是许多人想听的故事。现在我会试着让这个说法更好接受一些。如果我们把感受质说成是艺术而不是幻觉，为什么会更有说服力？我并不是在提出一种幻觉论的替代理论，但我希望将重点转向积极的方向，实际上可能会使这一理论在科学上更加准确，同时在人性上更加令人愉悦。

首先，我们通常认为幻觉会导致错误，而艺术作品是启蒙的源泉。用巴勃罗·毕加索（Pablo Picasso）的话来说，"艺术是一种让我们认识真理的谎言"；用保罗·克利（Paul Klee）的话来说，"艺术并不复制可见之物，相反，它能使不可见变成可见"；或者在弗里德里希·尼采（Friedrich Nietzsche）的著作中写道，"艺术不只是对自然现实的模仿，而且是对自然现实的形而上的补充。"艺术与进化论作家艾伦·迪萨纳亚克（Ellen Dissanayake）将艺术概括为"制造特殊"的活动。因此，通过将感觉比作艺术作品，我们强调感觉器官接收到的普通信息是如何在形成意识的过程中被升华而变得更加丰润。

其次，我们常常认为幻觉是意外或偶然产生的，而我们认为艺术作品的诞生须由艺术家来完成。因此，我们会更加关注意识感知背后的运作机构。当你的大脑通过创建感受质神经相关物来对感官信息做出反应时，它即使不是最终设计师，也是最直接的代理者。尽管神经科学家还不知道这种背后的神经基础是什么（我在《灵魂之尘》中提出了一些详细的建议），但或许，在这个过程中，你的大脑已运用了一些和艺术家一样的美学原理来产生意识。

此外，正如马塞尔·杜尚（Marcel Duchamp）所说，"艺术家只完成了创作过程的一部分。旁观者完成了它，并拥有最后的话语权。"艺术必然涉及观众。所以现在我们也可以把注意力转移到你自己——这个对大脑艺术进行欣赏并做出反应的观察者身上。此外，根据我们对艺术欣赏的了解，我们可以继续问你是如何从认知和情感层面上评价感受质的。对幻觉信息的易感性是否存在个体差异？人们是否像学习欣赏艺术一样学习理解感受质？成为一名合格的感受质鉴赏家需要什么条件？

最后也是最重要的一点，我们很少认为幻觉有任何人文价值，但我们期望艺术作品能在智力和精神上滋养我们的灵魂。我们不在意被幻觉所欺骗，但我们为自己是一个艺术爱好者而自豪。因此，这种对感知的思考方式使我们能够关注人类在这个自制的魔术表演中获得的心理成长，并对之加以称颂。

意识之美

将意识构想为艺术对于科学的意义恰恰在于：可以从进化的角度提出关于意识的价值和目的等新问题。如果意识是艺术，那么它背后的艺术家实际上并不是单个个体的大脑。更确切地说，这背后的艺术家——最终的设计师——应该是来自自然选择的进化力量。这种进化力量制造出了大脑的遗传密码，使之能够产生感受质。然而，自然选择只是促进形成了有助于生物生存的变异。那么，大脑作为自然选择的产物，具备如此令人敬畏但又看似冗余的奇异特性，其生物学优势是什么呢？

将意识类比为艺术仍然有助于我们对这个问题的理解。查尔斯·达尔文（Charles Darwin）曾为解释在动物求爱方面的一些奇异特性而感到困惑，直到他最后意识到这种展示不是为了任何明显的实用目的，而是为了炫耀和诱惑。孔雀漂亮的尾巴并不能让它飞得更高，但它提高了雄孔雀在雌孔雀眼中的地位。达尔文认为，人类艺术的主要功能之一也是诱导观赏者爱上艺术家。

由此，我们得到了一个非同寻常的启示：大脑产生意识的这种艺术，其进化功能恰恰就是诱导你爱上自己。例如，视觉的感受质对于你对外部世界的感知是不必要的。但是与你所有的其他感觉一起，这些感知使你对于自我——即你是怎样一个人——形成更加完整的印象。感受质使你感知到了自我价值，能够享受生命中的乐趣，并且使你对死亡产生恐惧。这并不是无谓的猜测。在我的《愤怒：看见红色》一书中，我描述了一个引人注目的案例，一名女子有一种"盲视"——能够看见但是没有对视觉意识性的感受质，她的自我意识似乎受到了极大的伤害，以至于她自杀了。

法国哲学家勒内·笛卡尔（René Descartes）有句名言："我思故我在。"但围绕感官意识进化出的自我更深刻、更广泛：我感受，故我在。所以你感受到了，你便存在了。意识，一件辉煌而令人迷惑的艺术作品，当你身在其中时，你会希望所有人类都能够同样地感受到它的魅力。因此，你虽然走的是另一条路，但最终正是到达了米奇利、内格尔和其他人想要你去的地方：站在精神卓越的中心，去传播快乐。

记忆中枢

唐纳德·G. 麦凯（Donald G. MacKay）
巢栩嘉　译

　　我记得在 1967 年春天见到 H.M.（Henry Molaison）时，他可能已经 40 岁了，我比他小 16 岁。我的导师 Hans-Lucas Teuber 把他带到了我的小办公室，就在麻省理工学院（MIT）心理学系图书馆的对面。我还记得当我们一起挤在办公室门口时，H.M. 那张瘦削、英俊、带着微笑的脸。Teuber 把我们分别介绍成"Don"和"Henry"，似乎我们可以结为好朋友。在握手时我好像将 Henry 称呼为"先生"，因为那时他已经是 MIT 的小名人了。Teuber 在离开前向 Henry 保证，他会喜欢上我的句子理解实验，这正是他擅长的事情。

　　当我们走楼梯来到测试室时，我从未想过这个安静的男人将成为我接下来半个世纪里的一个主要研究对象。我打开门锁，让 Henry 坐在一张木桌前。我面对着他，阳光从右侧的大窗户投入房间。在我的面前，有两只秒表和一摞印有 32 个短句的 3 乘 5 索引卡。我打开录音机，开始了以为是十分常规的实验。

自 1967 年以来，Henry 的名字缩写（H.M.）已成为脑科学史上最著名的名字。（公众只在他 2008 年去世后才知道其全名，Henry Molaison。）Henry 的成名始于 1953 年，那时他 27 岁。当时一位神经外科医生对他的中脑做了手术，切除了被称为海马区的部分。这次切除在很大程度上治愈了危及 Henry 生命的癫痫病，但却产生了一个意想不到的副作用：在 Henry 余下的生命里，他再也不能以正常的方式学习新信息。这一情况的出现，彻底改变了学界对记忆和大脑的研究。

早前，科学家通过对 Henry 的研究，阐明了海马区在对新的个人经历形成复杂记忆的过程中所发挥的作用。我有关 Henry 的研究进一步表明，海马区通过重塑受损的记忆，来帮助保留已有的记忆。如果没有这种修复，我们将永远丢失这些记忆。

这个观点颠覆了以往的概念，过去认为记忆退化是一个不可阻挡的被动过程。恢复旧记忆的机理似乎一定程度上抵消了因正常老化带来的记忆困难。大脑并没有让过去的记忆碎片随时间的流逝而消失，而是一直积极地参与受损记忆的恢复。这些观点也解决了心理学研究中关于失忆症的一个百年之谜。失忆症患者在大脑受损后难以学习新的信息，同时他们对于在患病前习得的信息通常也有记忆问题。然而直到现在，没有人清楚地了解其中的原因。

"你是谁？"

在 1987 年的电影《落水姻缘》（*Overboard*）中，由 Goldie Hawn 饰演的社会名流从游艇上跌落撞到了头，不仅丧失了记忆，也随之失去了高贵的身份。电影的失忆症情节往往具有戏剧性的场景：大脑创伤瞬间抹去了人物的过往记忆，但主人公仍然能形成对新事物和经历的记忆。这种情况在现实中并不存在。真正的失忆症患者在学习新信息时是有困难的，也并不会失去所有的过往记忆，无论这种失忆症是由脑部病变、脑震荡、酒精中毒导致的，还是由病毒感染引起的（阿尔兹海默病除外）。

Henry 在 1953 年接受的手术切除了大脑中负责形成记忆的中枢，术后他患上了失忆症。他记忆新事物的能力严重受损，特别是情景记忆极其脆弱。短暂的间断便能抹去他对最近事物的记忆。如果在实验中，有人敲门叫你离开，哪怕一分钟，当你回来时，Henry 可能会问"你是谁？"这时你需要重新自我介绍，并再次解释你希望他继续完成的实验任务。

Henry 无法让短暂的经历在脑海中留下深刻的印象。在记录这种记忆缺陷的过程中，我的导师和其他研究人员确立了海马区在形成新的长期记忆中的关键作用。然而 Henry 对患病前所学的事物和事实的回忆，起初似乎完全正常。他能流利地使用日常用语，轻松地提出一些问题，如"我们以前见过面吗？"，也能清晰地回答有关他在哪里上的高中和在哪里出生等问题。

20 世纪 60 年代，当时的 MIT 心理学家韦恩·威克尔格伦（Wayne Wickelgren）提出，海马区能促进大脑外部皮层新皮质中永久记忆的形成。这些皮层记忆采取强化神经元之间联系的形式。因此，新皮质类似于存储库，而海马区则像是记忆的构建者，无论是情景记忆（比如我对遇见 Henry 的记忆），还是语义记忆（比如一个词的含义）。这一想法在很大程度上源自与 Henry 的合作，它是对早期理论的一个巨大修正。此前，研究人员认为海马区是记忆的直接存储库。由于 Henry 的新皮质没有受到损伤，因此手术前存储的单词记忆应该是完整的。

所以，在我遇见 Henry 的那天，我认为他会在句子理解测试中表现良好。我指示 Henry 阅读 32 个模棱两可的句子。例如，"我只是不喜欢讨好推销员"这句话的意思可能是"我不想讨好推销员"或"我不希望身边有讨喜的推销员"。Henry 的任务是尽可能快地找到并描述出每个句子的两种含义。

在实验中，Henry 只发现了 20% 的句子中的双重含义，而哈佛大学的学生在识别歧义方面没有任何问题。此外，Henry 花了大学生的 10 倍，平均 49 秒以上的时间来开始他的描述。而且，

Henry 的描述往往不完整、不准确、难以理解。例如，Henry 对
"我只是不喜欢讨好推销员"的两种意思做出如下解释："这个人
不喜欢讨好他的推销员。呃，而且他个人不喜欢他们，而且、而
且（原话）他个人不喜欢他们（原话），然后我想到一句话，他
自己会说，他不，呃，讨好，作为'聚连'（原话），所有讨喜的
推销员。"

当时，我不知道该如何看待这些观察结果。一连串令人困
惑的问题浮现在我的脑海中，后来我才对这些问题归类并加以解
决。为什么 Henry 难以理解实验中的句子？自 1874 年以来，神
经学家一直认为，大脑皮层的一个区域——现在被称为韦尼克
区——负责句子理解。然而，Henry 的新皮质并未受损。他的语
无伦次也让我感到困惑，因为位于新皮质另一区域的布洛卡区被
认为是创造语法句子的中枢。还有，Henry 所说的"聚连"是什
么意思，聚集？连接？还是二者的融合？

40 岁的 Henry 似乎还很年轻，不至于出现寻词困难，但他
的词汇记忆显然有些问题。我只是不知道那是什么问题。直到后
来，我才发现 Henry 受损的海马区与他在年轻时所学单词的记忆
之间存在联系。

一种尼龙制的紧固件

1967 年从 MIT 获得博士学位后，我成为加州大学洛杉矶分

校的一名教授。对我来说，关于许多记忆方面的研究，包括衰老对常见单词记忆能力的影响，语言是一种有用的方法。尽管每个人有关个人经历的记忆因人而异，但我们都掌握了相同的单词拼写、含义和发音能力。年轻人对单词知识的一致性让我很容易确定老年人单词记忆能力的恶化是否与年龄有关。

在随后的几年里，我的研究逐渐阐明了单词的记忆能力随具体年龄的变化情况。例如，在 1990 年，我和同事的报告认为，随着年龄的增长，对于熟悉但不常用的单词发音的记忆能力会系统性地下降。当我们给受试者一个定义，如"一种尼龙制的互锁紧固件"，65 岁及以上的老年人不能像 18 至 20 岁的年轻人那样轻而易举地想起"Velcro"（尼龙搭扣）这个词。对老年人来说，这个词虽然就在嘴边：他们知道这个词的意思，通常也知道它的首个语音（V）和音节数，但却无法检索出整个单词。

1998 年，我的团队发表了一项相关的研究发现：对于熟悉但书写不规则的单词，如"rhythm"（节奏）"physicist"（物理学家）和"yacht"（游艇），其拼写能力也随年龄增长而下降。在实验中，60 岁及以上的老年人比年轻人更容易出现拼写错误。尽管老年人意识到他们曾经可以毫不费力地拼写"bicycle"（自行车），但在看到正确答案之前，他们无法想起这个单词是应该拼成"bicycle""bysicle"还是"bisykle"。

我们的发现表明，在检索几十年前学过的词汇信息方面，65

岁以上的正常人群几乎都会遇到困难。这种困难开始是轻微的，但会逐渐变得严重。起初，词汇信息会在一段时间的搜寻后出现在脑海中，但随着年龄的增长，记忆变得越来越脆弱，词汇信息也越来越难以检索。在极端情况下，即使看到这个单词也无法让人想起它的正确发音、拼写和含义。

开口忘词、提笔忘字的现象被认为是在新皮质的相关神经连接退化时产生的。如果我们很少说到、看到或听到"rhythm"（节奏）或"Velcro"（尼龙搭扣）这些词，那么我们对这些知识的表示能力就会随时间的推移而减弱。经常使用或接触这些词可以加强这些联系，防止遗忘。在理解、拼写或回忆经常使用、听到或写到的单词方面，老年人也没有表现出任何问题。

记忆的青春源泉

与身体其他部位一样，大脑也会随年龄的增长而衰退。然而，科学给出了减少损失的方法。

首先，一个小观点：并非记忆的所有方面都会衰退。老年人同样能够理解包含熟词的句子，并重新学习遗忘了的信息，就像他们年轻时一样，尽管学习速度稍慢一些。老年人的所有行为都比年轻人慢一些——以千分之一秒为单位的差别。

在某些方面，认知功能甚至随年龄的增长而提高。例如，词汇量在 80 岁甚至更高的年龄前会持续扩大。老年人会自发地使用更多种类的词汇，在标准化词汇测试中得分更高。

老年人在学习旧词的新用法和记忆电话号码等事情上确实会遇到更多麻烦。对于拼写不规则的熟词，如"rhythm"（节奏），以及回忆几十年前学过的发音，特别是地名和人名，老年人容易感到力不从心。

最近的研究，包括我自己的研究，表明老年人可以通过多接触来抵消这些负面变化。参与社交有助于保护许多与语言相关的记忆。与朋友见面前，可以排练他们的名字，避免见面时忘记名字的尴尬。此外，还可以通过玩游戏来保护拼写和单词检索能力，比如拼字游戏。在游戏中我们可以主动锻炼这些能力，而不是通过被动的活动，比如看电视。

我们可以通过保持练习或演奏来抵御专业领域的退化，例如公开演讲、国际象棋或钢琴演奏。更一般地说，可以参与各种形式的终身学习。毕竟，学习和再学习（恢复旧记忆）是海马区让我们保持年轻的方式。

—— D.G.M.

老年失忆症患者

当研究正常衰老对单词记忆的影响时，我又回到了 1967 年关于 Henry 的词汇记忆问题。我重新检查了 1970 年 William

Marslen-Wilson 录制的一份 178 页的采访记录，当时他还是 MIT 的研究生。记录显示，44 岁的 Henry 在检索不常用的单词时遇到了不同寻常的困难。Henry 没有说人们 "more relaxed"（更放松），而说他们 "more eased"（更放松）。类似地，Henry 把飞机模型的制作材料称为 "bamboo"（竹子）或 "like wood"（木头一类的），而不是 "balsa"（轻木）。这些错误困扰着我，因为我从未在如此年轻的人身上看到过这类失误。这就像是 Henry 的词汇记忆能力正在提前退化。

然后我产生了一个想法。也许 Henry 的寻词问题反映了他没有能力重新学习已经完全忘记了的信息。毕竟，他的根本障碍是无法在大脑皮层中表示新信息。我推断，Henry 的海马体损伤可能使他无法抵消正常老化所带来的退化。这种能力的缺失可能将老年人的通常较小的单词检索问题转化为严重的障碍。

但目前为止，我只知道 Henry 有严重的记忆力缺陷。为了确定 Henry 的记忆是否真的异常退化，我需要将他 70 多岁时的单词知识与其他方面都和他相似且记忆正常的人进行对比。我还需要记录 Henry 一生中词汇记忆能力的变化。如果能找到记忆异常退化的证据，将第一次有希望解释为什么大多数海马区受损的患者最终会忘记受损前学过的信息。

在 Henry 71 岁和 73 岁时，我请博士后研究员 Lori E. James（现在是科罗拉多大学斯普林斯分校的心理学家）飞往波士顿，在 MIT 测试 Henry 的词汇记忆。我想用诸如"'squander'（挥霍）是什么意思"的问题看看他能否分辨哪些单词（比如"squander"）是真实且有意义的、哪些是虚构的，来评估 Henry 定义单词的能力。我还想评估 Henry 为图片中熟悉的物体命名和大声朗读不常用的单词时，检索出的单词发音的准确度。最后，我很好奇 Henry 是否能回想起不规则单词的拼写，比如"rhythm"（节奏）。

James 和我根据每个单词的通常习得年龄和 Henry 在 44 岁时与 Marslen-Wilson 进行对话的大量文字记录，构建出 Henry 在他生命早期几乎肯定使用过的一组单词。然后，根据现有的关于人们使用这些单词的频率统计数据，将单词划分为高频词和低频词。（下面只讨论有关低频的结果，因为 Henry 对高频词的表现比较正常。）

对 Henry 进行测试是最容易的部分。我和妻子 Deborah M. Burke（波莫纳学院的心理学家）以及同事们花了很多年时间寻找年龄在 71 或 73 岁，记忆力正常，教育经历、智力水平、职业和社会经济背景与 Henry 相似的健康人。我们找到了加州大学洛杉矶分校认知与老龄化实验室、克莱蒙特记忆与老龄化项目以及克莱蒙特学院的文职和工厂退休人员的 750 多名老年人记录，从中挑选候选人。

最终，我们找到了 26 名合适的对照组人员。将 Henry 的测试结果与这些人进行比较，发现 Henry 的词汇记忆存在巨大的缺陷，我和同事在 2009 年发表的一系列论文中报告了这一情况。例如，在词义测试中，对于"'lentil'（扁豆）是什么意思"的问题，没有脑损伤的 73 岁老人可以正确地回答出这是一种豆子或豌豆。而 Henry 却告诉我们，从某种程度上说，这是一个组合词，来自"lent"和"till"……（意思是）的地区和时间。与对照组相比，Henry 产生了许多这样的明显错误，甚至对于他年轻时能正确运用的词也是如此。Henry 也不能准确区分低频词和虚构词，比如"frendlihood"和"quintity"。相比之下，其他 73 岁的对照组老人有 82% 的情况可以准确区分低频词，而 Henry 本人在 57 岁时这项测试的情况为 86%。

当我们指导参与者朗读印在索引卡上的单词时，Henry 将"triage"误读为"triangle"，将"thimble"误读为"tim- … tim-BO-lee"，将"pedestrian"误读为"ped-AYE-ee-string"。Henry 的阅读错误比对照组要多得多。显然，Henry 记不住如何进行多音节单词发音，他对于其中的变量比如音节重音模式和某些字母的发音（如"pedestrian"中的"e"是发长音还是短音）都不太明确。

命名测试的发现

Henry 的问题在所谓的波士顿命名测试中也同样明显。在这个测试中，受试者要识别线图中描绘的常见物体。如果受试者不能回忆起物体的名称，实验者会提供语音提示，比如"它以'tr'开头"，然后是一个包含这个单词的验证问题："你知道'trellis'（花棚）这个词吗？"尽管 Henry 在年轻时就已经熟识物体的名称，但他可以正确命名的图片数量却比同龄人少，从语音提示中得到的线索也比其他人少，还产生了更多包含错误发音的错误回答。例如，Henry 把蜗牛称为"sidion"（应为"snail"），表明他对这个熟词的语音记忆能力已经严重退化。

在拼写测试中，受试者会听到一个拼写不规则的单词，如"bicycle"，然后要对这个单词进行填空，如"bic_cle"。他们要从两个字母（"i"或"y"）中选择一个填空。Henry 对单词中字母选择的正确率为 65%，而对照组为 82%，这表明 Henry 在拼写不规则的熟词记忆方面受到了严重侵蚀。

接下来，我们记录了 Henry 在 40 岁到 70 岁之间的退化轨迹。通过与其他研究结果对比，发现 Henry 的词汇记忆从 50 多岁开始急剧恶化。例如，1983 年由当时的 MIT 心理学家 John Gabrieli、Neal Cohen 和 Suzanne Corkin 发表的一项研究显示，57 岁的 Henry 在区分低频词和虚构词方面仅表现出较小的问题。而同样的测试在他 73 岁时却表现出明显的困难。同样地，根据 Corkin 在 1984 年的一项研究，Henry 在 54 岁时对图片的命名没有问题。然而，73 岁的 Henry 却发生了大量的词汇替换问题，比如用"compass"（指南针）替换"protractor"（量角器），用"ice clippers"（冰剪）替换"tongs"（钳子），用"trake"（无含义）替换"trellis"（花棚）等。

根据 Corkin 和研究生 Bradley R. Postle 于 1993 年的一项研究，67 岁的 Henry 在单词朗读测试中表现出轻微的问题。而在我们的研究中，对于相同的单词，Henry 的表现明显变差。在 71 岁时，他会读错 67% 的单词，但对照组的平均读错率为 9%。仅仅两年后，他读相同单词的错误率更高，甚至会出现片段遗漏等新的错误类型，例如，将"affirmation"（肯定）读成"formation"（形成）。

如何恢复记忆

如果不经常回顾我们的记忆，它们会随时间的流逝逐渐退化。海马体不仅掌管着记忆的形成，现在人们还认为它可以根据经历来恢复逐渐退化的记忆。例如，如果某人最近没有遇到过一个物体的名称，比如算盘，那么当他看到一张算盘的图片时，他可能无法回忆起对应的名称。这个名称曾经被储存在一个存放名称和标签的大脑区域，称为布洛卡区。当他被告知算盘这个名称时，海马体就会开始工作，在布洛卡区重新建立记忆。

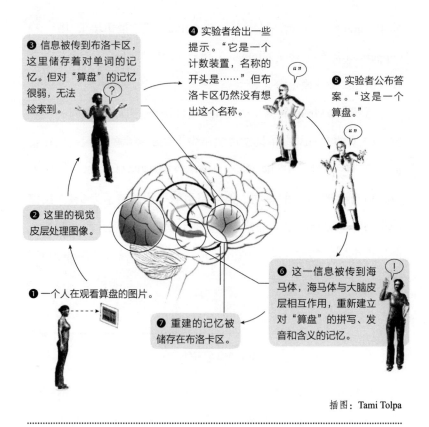

插图：Tami Tolpa

记忆维护

　　几十年来，心理学家一直知道，随着年龄的增长，大脑新皮质的突触连接会退化，因此我们储存在那里的记忆会变得越来越脆弱和零散。受影响最大的是那些我们不常回想的记忆。如果我们最近没有想到、听到或看到某些信息，那么对这些信息的记忆就会很脆弱，而且越老越脆弱。

Henry 在 50 多岁、60 多岁和 70 多岁时，对于不常使用或遇到的单词知识，他遭遇的记忆困难越来越严重，而且退化速度比同龄同背景的普通人要快得多。因此，我们推断，海马复合体必定参与了保存旧记忆和制造新记忆的过程。就像一个建筑工人可以建造一个新结构或修复一个受损结构一样，海马体也可以制造新记忆来替换那些随时间推移而退化或破碎的记忆。

每当有人回忆起一个被遗忘的单词或过去的个人轶事时，这种重建就可能发生。通过这种方式，近期的接触和学习可以加固受损的记忆并减少记忆丢失。在 Henry 的情况中，这种海马体维护系统失效了。Henry 无法通过重新经历和学习修复破碎的记忆，导致记忆加速退化。

为了支持这一理论，我们想确定其他失忆症和海马体损伤的患者，对于不常用的信息是否最终也会经历超常的或比正常情况更快的记忆退化。此外，我们还想弄清楚，健康的老年人是否会在偶遇不常用的信息时，恢复因老化和缺乏使用而退化的记忆。

作为一个老年人，从个人经验来看，我相信我们能够且经常会重整零碎的记忆。在重读与 Henry 见面的故事时，我找出实验后不久写的未发表的报告，查看了我们见面的日期。尽管我非常确定我是在 1967 年遇到 Henry 的，但报告显示的测试时间是 1966 年，这表明我们实际相遇的时间比我记忆中的时间早了一年，这个事实我不会轻易忘记。

然而，有些情景记忆是无法检验和纠正的。当我重读 Henry 和我走楼梯到测试室的叙述时，我突然想起那时 Henry 拿出一张类似特大号名片的东西，然后开始给我讲一个关于步枪的故事。现在我已经无法回忆起故事的具体内容，也无法回到 1966 年重温这个故事来修复相关的记忆。因此，故事的细节将不可逆地被遗忘，就像 Henry 对不常用单词的含义、拼写和发音的记忆一样。

脑的大小重要吗？

克里斯托夫·科赫（Christof Koch）
张倍祯 译　徐宁龙 审校

虽然"大小不重要"是政治正确人士普遍宣扬的格言，但日常经验告诉我们，在许多情况下，大小显然是重要的。以伍迪·艾伦（Woody Allen）第二喜欢的器官——大脑的大小为例。诸如"高眉骨（highbrow）"和"低眉骨（lowbrow）"等形容词起源于 19 世纪的语法学家所阐述的一种观点，即高额头（更大的脑）与智力之间的密切对应关系。这是真的吗？大脑越大，你就必然越聪明，越机智吗？神经系统的大小，不管如何测量，与这个神经系统的主人的智力之间有没有简单的关联？虽然前一个问题的答案是有条件的"是的，有点"，但第二个问题没有任何公认的答案，这反映了我们对产生智能行为背后原理的无知。

越大只是略微越好

人类的大脑一直在增长，在生命的第三个到第四个十年达到其最大尺寸。一项对 46 名主要为欧洲人后裔的成年人进行的核磁共振成像（MRI）研究发现，男性的平均脑容量为 1274 立方厘米，女性的平均脑容量为 1131 立方厘米。把相当于 946 立方厘米的一夸脱牛奶往一个头骨里倒，甚至倒更多一点儿，也不会溢出。当然，大脑容量有很大的个体差异，男性为 1053 至 1499 立方厘米，女性为 975 至 1398 立方厘米。由于大脑物质的密度略高于水加上一些盐的密度，男性大脑的平均重量约为 1325 克，接近于美国文献中经常引用的众所周知的三磅。

对于从死者身上获取的大脑进行测量的结果表明，俄罗斯小说家伊万·屠格涅夫（Ivan Turgenev）的大脑突破了两公斤的界限，达到 2021 克，而作家阿纳托尔·法朗士（Anatole France）的大脑重量仅是他的一半左右，也就是 1017 克。（请注意，死后测量与从活体大脑获得的数据没有直接的可比性）换句话说，健康成年人的大脑总大小个体差异很大。

那么智力呢？我们都知道，在我们的日常互动中，有些人很难掌握要点，需要很长时间才能理解一个新概念，而另一些人有很强的心智能力，尽管过分强调这种差异是不礼貌的。例如根据英国幽默作家佩勒姆·G. 伍德豪斯爵士（Sir Pelham G. Wodehouse）

系列小说改编的大受欢迎的电视剧，剧中懒散无知的富人伯蒂·伍斯特（Bertie Wooster）和他机智的男仆吉维斯（Jeeves）。

个人在理解新思想、适应新环境、从经验中学习、抽象思维、计划和推理方面的能力各不相同。心理学家试图通过一些密切相关的概念，如一般智力（g，或一般认知能力）以及液态智力和晶态智力，来捕捉心智能力的这些差异。通过心理智力测验来评估人们在当场解决问题的能力，以及将过去学到的见解保留和应用到当前环境中的能力的差异。这些观察结果是可靠的，因为不同的测试彼此之间有很强的相关性。它们也在几十年内保持稳定。也就是说，智商（IQ）等指标可以在近 70 年后从同一受试者身上重复可靠地获得。

以这种方式评估的一般智力差异与生活中的成功、社会地位的提升和工作表现、健康状况和寿命相关。在一项对一百万名瑞典男性的研究中，智商增加一个标准差（一种个体差异性的衡量标准），死亡率惊人地降低 32%。聪明的人生活得更好。高智商并不一定带来快乐，或有助于理解约会中的细节，但高智商的人更可能出现在对冲基金经理中，而不是超市收银员中。

脑的大小和智力之间的定量关系如何？在过去只有病理学家才能接触到头骨及其内容物时，建立这种相关性是很难的。随着大脑解剖结构的核磁共振成像（MRI）的使用，这种测量变得常规化。在健康志愿者中，大脑总体积与智力的相关性较弱，相关值介于 0.3 到 0.4（总值为 1）。换句话说，大脑大小变化占一般智力总体变化的 9% 到 16%。用于寻找与特定精神活动相关的大脑区域的功能性扫描显示，大脑皮层的顶叶、颞叶和额叶区域以及这些区域的厚度与智力相关。但同样，这种相关性也很有限。因此，平均而言，大脑越大，智力就在某种程度上越高。但是，更大的脑是否是高智商的原因呢？或者，更有可能的是，这两者是否都是由其他因素导致的呢？这些问题目前仍然不清楚。

近期的实验考虑了个体大脑某些区域神经元之间的特殊联系。这种特殊联系很像一种基于神经的指纹。他们在预测液态智力（在新情况下解决问题的能力、发现和匹配模式的能力、在特定知识领域进行独立推理的能力）方面做得更好，解释了这一衡量标准中 25% 的个体差异。

我们对于"智力是如何从大脑中产生的"这一问题仍然了解有限，一些进一步的观察更加突出了我们的这种无知。正如前面提到的，成年男性比女性的大脑重 150 克。这种差异对应于前脑负责感知、记忆、语言和推理的新皮质中的神经元数目为：男性 230 亿个神经元，女性 190 亿个神经元。男女之间的平均智商没有差异，那为什么神经元的基本数量会有差异？

另外一个著名的例子是，古人类尼安德特人的颅骨容量比现代人大 150 至 200 立方厘米。然而，尽管尼安德特人的大脑更大，但在 35000 年至 40000 年前，当智人和他们同在欧洲时，尼安德特人灭绝了。如果你的小脑袋表亲比你表现得更好，那么拥有大脑袋又有什么意义呢？

谁的脑细胞最多？

长鳍领航鲸的负责高级心理功能的大脑新皮层神经元数量似乎比其他任何哺乳动物都多，大约是人类大脑皮层神经元数量的两倍。

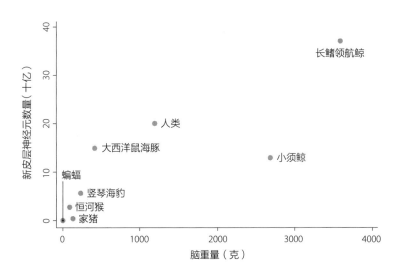

资料来源："海豚科大脑新皮层的定量关系"，海蒂·S.莫滕森（Heidi S.Mortensen）等人，《神经解剖学前沿》，第 8 卷，第 132 条。2014 年 11 月 26 日在线出版（图表）

不同物种的大脑大小

当我们观察人类以外的物种时，更加凸显了我们对导致智力差异的原因的多样性仍然缺乏了解。许多动物具有复杂的行为能力，包括感觉辨别、学习、决策、计划和高度适应性的社会行为。

以蜜蜂为例，它们可以识别面孔，通过摇摆舞向同伴们传达食物来源的位置和质量信息，并借助储存在短期记忆中的线索在复杂的迷宫中导航。吹进蜂巢的气味会触发蜜蜂回到以前遇到这种气味的地方。这种引导它们回到蜂巢的联想型记忆，正是马塞尔·普鲁斯特（Marcel Proust）的《追忆似水年华》(À la Recherche du Temps Perdu) 中那种广为人知的记忆类型。这种昆虫用不到一百万个神经元完成所有这些工作。这些神经元的重量约为千分之一克，不到人脑的百万分之一。然而，我们真的聪明了一百万倍吗？如果看看我们管理自己的能力，答案显然是否定的。

一个普遍的经验是，动物越大，它的大脑就越大。毕竟，一个更大的生物有更多需要神经支配的皮肤和更多需要控制的肌肉，并且需要一个更大的大脑来服务它的身体。因此，在研究大脑大小时，有必要同时考虑整个身体的大小。通过这种测量，人类的大脑相对身体质量约为2%。那么大象、海豚和鲸等大型哺乳动物呢？它们的大脑远远重于人类的，有些鲸的大脑可达10千克。考虑到它们的体重，从 7000 千克（雄性非洲象）到 180000 千克（蓝鲸），它们的脑体比不到千分之一。相对于人的体重，人脑要比这些生物的大脑相比于它们的体重大得多。不过，我们也不要自命不凡。我们被鼩鼱超过了。鼩鼱是一种类似鼹鼠的哺乳动物，与我们相比，它们的大脑占整个身体质量的 10% 左右，甚至有些鸟在这方面也比我们强。

一个小小的安慰来自于神经解剖学家发明的脑化指数（EQ）。它是被调查物种的大脑质量与属于同一分类群的标准大脑质量之比。因此，如果我们考虑所有的哺乳动物，并将它们与作为参考动物的猫（因此猫具有 1 的脑化指数）进行比较，那么人类会以 7.5 的脑化指数出现在顶部。换言之，在同等体重下，人类的大脑是典型哺乳动物大脑的 7.5 倍。猿类和猴子的脑化指数在 5 或 5 以下，海豚和其他鲸类也是如此。我们终于登上了顶峰，证实了我们对人类特殊论的坚定信念。

然而，就大脑的细胞成分而言，这一切意味着什么还不是十分清楚。神经科学家总是认为，无论脑的大小，人类大脑新皮层的神经细胞数量比地球上任何其他物种都多。

2014 年，一项对法罗群岛 10 头长鳍领航鲸的研究推翻了这一假设。在苏格兰和冰岛之间的北大西洋寒冷水域，这些优雅的哺乳动物也被称为黑鲸，但实际上是一种海豚，在当地捕捞中被捕获。根据几个样本切片，人们估计了组成高度卷曲的新皮质的神经细胞数量，然后推断出整个结构。令人惊讶的是，其总数达到了惊人的 372 亿个神经元，这意味着长鳍领航鲸的新皮层神经元数量是人类的两倍！

如果对认知能力重要的是新皮质神经元的数量，那么这些海豚应该比包括人类在内的所有现存生物都聪明。尽管高度喜爱嬉戏和群居的海豚展现出各种技能，包括在镜子中识别自己的能力，但它们不具备语言或任何与其他非人类动物不同的显而易见的抽象能力。那么是什么原因呢？是神经细胞本身的复杂性大大低于人类细胞，还是这些神经元的交流或学习方式不够复杂？我们不知道答案。

人们总是要求有某件事能使人类区别于所有其他动物，因为他们认为这一神奇的特性可以解释我们进化的成功——我们可以建造大城市，把人送上月球，写《安娜·卡列尼娜》（*Anna Karenina*）和创作《英雄交响曲》（*Eroica*）。有一段时间，人们认为人脑中的这种秘密成分可能是一种特殊类型的神经元，即所谓梭形神经元或以君士坦丁·冯·埃科莫诺男爵（Baron Constantin von Economo，1876—1931）命名的冯·埃科莫诺神经元。

但现在我们知道，不仅猿类，而且鲸、海豚和大象的额叶皮层中也有这些神经元。因此，让我们与众不同的不是脑的绝对大小、相对大小或神经元的绝对数量。也许是因为我们的神经元连接得更加合理，我们的新陈代谢更加高效，我们的突触更加复杂。

正如查尔斯·达尔文（Charles Darwin）推测的那样，在逐渐的进化过程中，这很可能是许多不同因素的组合共同使我们与其他物种不同。人类也许是独一无二的，但其他物种也是如此，都以各自的方式存在着。

我们为什么有自由意志?

埃迪·纳米亚斯(Eddy Nahmias)

刘晓嘉 译

　　某日夜里我难以入睡,我思考着应该如何开始这篇文章。我设想了多种方式来写第一句话、第二句话和之后的每一句。然后,我接着思考如何将这些句子与下一段和文章的其余部分联系起来。我在脑海中反复权衡不同书写方式的利弊,这让我更难以入睡。整个过程中,我大脑中的神经元嗡嗡作响。的确,神经活动可以解释我为什么会思考写作方式,可以解释我为什么要写下这些词汇,也可以解释为什么我有自由意志。

　　越来越多的神经科学家、心理学家等专家都说我错了。他们援引了许多被广泛引用的神经科学研究,这些研究声称我写下这些词汇的过程是无意识的。他们认为,只有在神经系统低于我们的意识水平时，我们才会启动意识，深思熟虑地做出决定，但这时我们已经做出了我们的选择。他们最终得出结论，我们做出某个特定的决定，究其原因不过是"我们的大脑让我们这样做"而已。简而言之，自由意志只不过是一种幻觉。

20 世纪 80 年代本杰明·利贝特在加利福尼亚大学旧金山分校进行了一项实验，这是一项被引用最多的实验，它表明我们的大脑实际上在幕后负责做出决定。在实验中，他让志愿者在头上戴上电极装置，并指示他们可以按照自己的意愿轻弹手腕。在志愿者做出轻弹动作的大约半秒钟前，电极装置会检测到电活动波动，即准备电位。但是参与者在做出动作前大约四分之一秒才意识到他们的意图，从而得出结论，他们的大脑在意识到发生了什么之前就已经做出了决定。从本质上讲，驾驶员驾车也是无意识的大脑过程。

最近一项使用了功能性核磁共振成像（fMRI）的研究表明，无意识决策行为实际上发生的更早。在 2013 年发表的研究中，柏林伯恩斯坦计算神经科学中心的神经科学家约翰·迪伦·海恩斯和他的同事进行了这项实验，他们让志愿者在 fMRI 扫描仪的监测下对两个数字进行加法或减法运算。他们发现通过神经活动模式可以预测志愿者将选择加法还是减法，这种神经活动模式发生在志愿者做出决定之前的四秒钟。

这些研究以及其他类似的研究引发了人类不存在自由意志的

观点。海恩斯对《新科学家》评论道："在我们有意识思考开始前很长一段时间，我们的决定已经被无意识过程所预先设定了。"他还补充道："似乎大脑的决定并不需要人为做出。"其他人也同意他的观点。进化生物学家杰里·罗讷写道："我们所有的选择，没有一个是我们自由且有意识的思考的结果。没有选择的自由，也没有自由意志。"神经科学家山姆·哈里斯从这些研究中得出结论，我们不过是"生化傀儡"，如果我们在人们有意识之前的几秒钟就能在脑部扫描仪上检测到他们在意识下所做出的选择，这将直接挑战人们作为可以控制内心活动的、有意识的人的地位。

但这项研究真的表明我们所有有意识的思考和计划只是无意识大脑活动的副产品，并对我们以后的行为没有影响吗？不是的。出于许多原因，我和佛罗里达州立大学的哲学家阿尔弗雷德·梅勒等人都认为，那些坚持自由意志是伪命题的人是被误导了。

没那么快

那些相信科学已经证实了自由意志是幻觉的人，我将其称之为"意志虚无主义者"。我们需要警惕意志虚无主义者，理由如下，首先，我们头脑中对即将做出的决定的设想和评估的本质是神经活动，但目前神经科学领域尚无成熟的技术可以确定这些神经活动是否真的会影响我们在几分钟、几小时或几天后执行哪个决定；再者，意志虚无主义者所讨论的研究成果未能明确界定有意识和无意识行为之间的界限。

让我们再看一下利贝特实验。实验首先让志愿者有意识地准备进行一系列重复、无计划的行动。实验开始时，当志愿者自发产生一种欲望时，他们会弯曲手腕。参与了意识决策的神经活动在此过程中影响了后来无意识活动的启动，这揭示了有意识和无意识大脑活动之间的相互作用。

同样，在2011年的海恩斯研究中，志愿者在多轮实验中随机选择是做加法还是减法，但该实验也未能提供令人信服的反对自由意志的证据。在志愿者做出选择之前的四秒钟发生了前期大脑活动，这可能预示着该前期大脑活动对一个或另一个决定产生了无意识的偏见。

但是通过前期大脑活动预测人们所做的决定的准确度只比随机概率高10%。一般来说，大脑活动并不能在我们行动前四秒确定我们的选择，因为我们可以在比这更短的时间内根据情况的变化做出反应。如果我们做不到，我们可能早就死于车祸了！然而，无意识的神经活动可以提示我们，需要通过意识来监测我们的行为，进而让我们在行为发生时调整我们的行为，从而为我们采取的行动做好准备。

意志虚无主义者还指出，心理学研究表明，我们对自己的行为进行意识控制要少于我们的认知。确实，我们经常在不知不觉中被环境的微妙变化以及情感或认知偏见所影响。在我们理解它们之前，我们不能试图随意地去抵消这种影响。这也是为什么我认为我们的自由意志比许多人所相信的要少的原因之一。但是少和根本没有之间是有很大区别的。

利贝特和海恩斯研究了人们在没有经过深思熟虑的情况下就做出了选择的现象。每个人都会执行重复或习惯性的行为，有时非常复杂的行为也不需要太多思考，因为人们已经学会了这些复杂行为。比如，你把钥匙插进锁里、棒球比赛中游击手为一个地面球俯冲、一位钢琴家聚精会神地演奏着贝多芬的《月光奏鸣曲》。

钥匙的拧动、追球时的冲刺、弹钢琴时按下白键和黑键都需要特定类型的思维处理。我在那个不眠之夜所做的事情——有意识地思考文章该怎么书写，也与从事常规活动完全不同。一系列心理学研究表明，有意识地、有目的地处理我们的想法确实会对我们的行为产生影响。

我们在特定情景下为执行特定任务而制定的意图——心理学家称之为"实施意图"，这增加了我们完成计划行为的可能性。纽约大学的心理学家皮特·戈尔维策和他的同事进行的一项研究表明，当节食者建立一种有意忽略诱人食物的意图时，他们会比那些只是简单地设定减肥目标的节食者更少地吃这类食物。

佛罗里达州立大学的心理学家罗伊·鲍迈斯特和他的同事已经证明，有意识的推理可以提高逻辑和语言行为的能力，并且有助于从过去的错误中学习并克服冲动行为。此外，哥伦比亚大学的心理学家沃尔特·米歇尔发现，我们有意识地让自己远离诱惑的能力对于自我控制的实现至关重要。

我们每天都在实施我们有意识为自己规划好的行动。执行这种计划的神经活动可能对我们所做的事情没有影响，或者它只是在事后向我们自己和他人解释所做的这些事情。但从进化角度上说，这没有什么进化意义。大脑只占人体重量的 2%，但却消耗了人体 20% 的能量。神经处理过程使得错综复杂的有意识的思考成为可能，但当这些思考与我们行为无关时，这些神经处理过程将面临巨大的进化压力。负责我思考写这篇文章的最佳方式的神经活动很可能就是如此运作的。

大脑中的自由意志？

然而，意志虚无主义者认为这种内化的大脑处理根本不能算作自由意志。他们常说，相信自由意志的人一定是"二元论者"，他们坚信心灵作为非物化实体应该是以某种方式与大脑分离存在。2008 年，神经科学家里德·蒙塔古写道："自由意志使我们可以做出选择和思考，但这个过程又是独立于任何近似物理的过程。科因声称'真正的自由意志'需要我们走出大脑的结构并修改它的工作方式。"

确实，有些人以这种方式思考自由意志。但这种思考缺乏充分的理由。大多数哲学理论都认为，自由意志是与人性的科学理解相一致的。尽管意志虚无主义者声称，我们的心理活动完全由大脑活动进行，但研究表明大多数人认为我们仍可以拥有自由意志。如果大多数人对于自由意志不采取二元论，那么我们就无法根据二元论是错误的科学观点去告诉他们，自由意志是一种幻觉。

测试人们对自由意志的看法可以运用大脑成像技术，该技术可以根据先前大脑活动的信息完美预测后续的行为。事实上，哈里斯认为这种情景"会展现出这种（自由意志）感觉：一种错觉"。

大脑会参与无意识信息处理过程并预测后续行为，这一观点是否会挑战人们所坚信的自由意志呢？为了验证这一点，我和埃默里大学的杰森·谢巴德以及圣路易斯华盛顿大学的沙内·罗伊特开展了一系列实验，正如哈里斯提出的那样，实验中我们向志愿者展示了具体的场景，并据此形成了预测未来行动的脑成像。

佐治亚州立大学的数百名学生参加了这项研究。他们读到了一个名叫吉尔的女人的故事，在未来，她连续一个月佩戴了脑成像帽子。神经科学家利用来自大脑扫描仪的信息预测了她所想和所做的一切，即使她试图欺骗系统也未能逃过预测结果。该场景的结论是：这些实验证实，所有人类的心理活动都只是大脑活动，因此任何人的想法或行为都可以根据他们早期的大脑活动提前预测。

读完这个故事后，超过 80% 的参与者表示他们相信这样的技术在未来是可能实现的，但其中 87% 的人表示吉尔仍然有自由意志。他们还被问及此类技术的存在是否表明个人缺乏自由意志，大约 75% 的人不同意。进一步的结果表明，绝大多数人认为，只要技术不对人们的大脑进行操纵，致使其他人可以控制他们所做的决定，那么人仍然拥有自由意志，并应对自己的行为承担道德责任。

实验中的大多数参与者似乎认为，故事中的大脑扫描仪只是记录了吉尔有意识地推理和考虑所做出决定的大脑活动。与其说是大脑在操控吉尔让其实施某些行为，倒不如说，大脑扫描仪只是在检测自由意志在吉尔大脑中的运作方式，这并不能说明吉尔没有自由意志。

那么，为什么意志虚无主义者会反其道而行之呢？这可能与当前的知识状态有关。神经科学能够解释意识，但这需要一个理论来解释为什么我们不能单纯地将我们的思想简化成大脑的运作，也不能将二者完全区分开。正如意志虚无主义者认为的那样，我认为如果大脑处理了所有工作，我们的意识将无事可做了。

神经科学和成像技术不断进步，这会帮助我们更好地阐明我们有多少意识可以控制以及我们的行为在多大程度上不受控制。关于自由意志，找到这些问题的解决方案很重要。人们是否应该对他们的行为负责，是我们的法律体系以及我们社会组成的道德基础需要弄清楚的问题。

大脑抗拒创新

梅里姆·比拉利奇（Merim Bilalić）
彼得·麦克劳德（Peter McLeod）
吴好好　译

在 1942 年的一个经典实验里，美国心理学家亚伯拉罕·卢钦斯（Abraham Luchins）让志愿者在脑海中想象用不同容量的水杯来做一些简单的数学计算。譬如，想象有 3 个空杯子，容量分别为 127 个单位、21 个单位和 3 个单位，志愿者需要用这 3 个杯子不断地倒换水，最后精确地量取 100 个单位的水。装水和倒水的次数并没有限定，但由于杯子是没有刻度的，志愿者只有将杯子装满才能实现精确测量。最高效的方法是：首先将容量为 127 个单位的大杯子装满水，然后倒出一部分到容量为 21 个单位的杯子里，并装满它——这时大杯子里还剩下 106 个单位的水。接着，再将这些水分两次装满容量为 3 个单位的小杯子，这样又从大杯子里倒出了 6 个单位的水，剩下了恰好 100 个单位的水在大杯子里。接下来，卢钦斯又给志愿者出了几个问题，这些问题的共同点是，它们都可以用上面例子中的 3 步算法解决，而志愿者无一例外都很快做出了解答。然而，当卢钦斯给志愿者出了一个可以用更简单的方案来解决的题目时，志愿者却仍然用固定的思路去解决问题，而没能想到更简单的答案。

新问题是这样的：卢钦斯让志愿者用容量分别为 49 个单位、23 个单位和 3 个单位的 3 个杯子，精确量出 20 个单位的水。答案几乎是呼之欲出的，只需简单的 2 步——把容量为 23 个单位的杯子装满，再向容量为 3 个单位的杯子转移水，并装满它，那么剩下的水就正好是 20 个单位了：23-3=20。然而，很多志愿者仍然坚持用熟悉的思路去解决这个问题，先把大杯子的水倒进中杯子里，再倒进小杯子里两次：49-23-3-3=20。接着，卢钦斯又给志愿者出了一道不能用熟悉的 3 步算法，却能用简单的 2 步算法解决的问题，而这一次，志愿者们纷纷放弃了，说这道题根本无解。

卢钦斯的水杯实验是证明"定势效应"（Einstellung effect）最著名的实验之一。遇到问题，我们的大脑总是倾向于采用首先浮现于脑海的解决方法，也就是已经习惯的固定思路，而往往忽略其他更为有效的途径。通常情况下，这是一种有效的启发式思维。如果你已经掌握了一种成功解决问题的方法，比如怎样剥大蒜，那么完全没有必要在每次需要一个蒜瓣时，都尝试一系列新的方法。但问题在于，对于某些特定的问题，固定的思维模式有时会阻碍我们去寻找更适合和更高效的方法。

在卢钦斯经典实验的基础上，后来的心理学家在不同实验室，以不同形式重复了"定势效应"的实验，但长期以来，这种心理现象究竟是怎么产生的仍然不得而知。最近，通过观察和记录高水平国际象棋选手在比赛时的眼球运动，研究人员解开了这个困扰已久的谜题。研究人员发现，在预先设定好的一个棋局中，受认知捷径的影响，这些选手的注意力被牢牢锁定在一些特定的棋盘区域，因为根据过往的经验，他们认为这些区域能够提供高效的解决方案。新研究还表明，心理学家近年在法庭上和医院里观察到的各种认知偏差（cognitive biases）的现象，其实只是"定势效应"的不同表现形式。

定势思维

至少从 20 世纪 90 年代初期开始，心理学家就开始通过观察不同级别的国际象棋选手（从业余爱好者到国际象棋大师），来研究"定势效应"。在这些实验里，研究人员在虚拟棋盘上用黑白棋子布置出一个特殊的阵型，然后让选手用最少的步数，将死对方的"国王"。比如说，研究人员布置出一个非常有名的阵型叫作"闷杀"（smothered mate），选手只需 5 步，即可完成绝杀：

首先牺牲己方的"王后"，将对方的某个棋子吸引到特定位置，以挡住对方"国王"的逃跑路线，然后用己方的某个棋子（通常是"马"）绝杀对方的"国王"。同时，选手也可以采用另一种只用3步的方法来将死对方的"国王"，但这种方法远不如"闷杀"为人熟知。正如卢钦斯的水杯实验一样，大部分专业选手并没有想到这个更高效的方法。

实验过程中，研究人员有时会询问选手，下棋时是如何思考的。选手们坚称，在发现"闷杀"的经典方法后，他们也在试图寻找其他更高效的方法，但无济于事。然而，光凭这种语言上的记录，并不能解释这些选手为何无法找到更为迅速的绝杀途径。因此，2007年，研究人员决定采用一种更为客观的记录手段——用红外摄像机跟踪选手的眼球运动。通过记录选手关注的是棋盘上的哪个区域，以及在不同的区域分别注视了多长时间，这种方法能够让研究人员清楚地看到，选手在思考的过程中注意了什么，又忽略了什么。

在这个实验中，红外摄像机跟踪记录了5位专业的国际象棋选手在注视棋盘时的眼球运动。同样，研究人员布置了一个既可以用5步"闷杀"，也可以用快速的3步法来绝杀的棋局。平均37秒过后，所有的5位选手都表示，"闷杀"是将对方"国王"逼向绝境的最快方法。然而，当研究人员布置了一个只能用3步法完成绝杀的棋局时，所有的选手都毫不费力地找到了这个方法。当研究人员告诉选手，在前一个棋局中，也可以采用同样的 3 步绝杀时，他们都惊讶得不敢相信，并且顽固地认为，如果在前一局中能够采用这个方法，他们肯定会注意到。毫无疑问，仅仅是"闷杀"这种可能性就顽固地占据了选手的大脑，让他们根本无暇顾及其他方法。事实上，思维定势完全可以让专业水平的国际象棋选手暂时性地沦为平庸的选手。

红外摄像机的记录表明，虽然这些选手嘴上说他们一直在寻找更快速的绝杀方法，并且他们自己也相信如此，但事实上，当他们判定在棋局的某个区域可以完成"闷杀"时，他们的视线从未离开过这里。相反，对于只能用 3 步法绝杀的棋局，选手一开始会仔细观察棋局，看能否用"闷杀"的方法，当发现此路不通后，他们就立刻将注意力转移到棋盘的其他区域，并且很快发现了 3 步绝杀的方法。

什么蒙蔽了我们的眼

国际象棋这种挑战智力的游戏，为心理学家研究"定势效应"提供了一个很好的平台。定势效应是指，我们的大脑青睐于用熟悉的思路解决问题，而忽视其他也许更为有效的思考途径。研究发现，这种认知偏差甚至会影响到专业选手对棋局的判断。

选手 A

选手 B

有两种绝杀方法的棋局

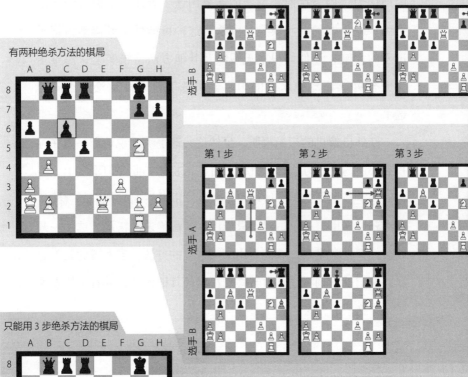

选手 A

选手 B

只能用 3 步绝杀方法的棋局

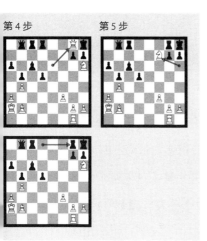

第4步　　　　　第5步

国际象棋大师错失了赢得胜利的最快途径

在著名的 5 步绝杀法"闷杀"中，选手 A 将"王后"从 E2 移到 E6，将选手 B 的"国王"逼到角落。紧接着，选手 A 连续用"马"向对方"国王"发起威胁，逼迫选手 B 的"国王"退避。然后选手 A 故意牺牲"王后"靠近对方"国王"，使得选手 B 只能用"车"吃掉王后。最后，选手 A 移动"马"到 F7，将对方"国王"包围，使其无路可逃。

在最近的研究中，研究人员为专业选手布置了有两种绝杀方法的棋局，一种是熟悉的"闷杀"，另一种是不太常见但更为高效的 3 步绝杀。选手需要用最少的步数将对方国王将死，但当他们注意到了"闷杀"的方法后，就再也没法发现更为高效的 3 步绝杀策略。当研究人员布置了另外一个几乎一样的棋局，只是移动了"象"，使得"闷杀"法失效，这时选手都能够注意到 3 步绝杀的方法。

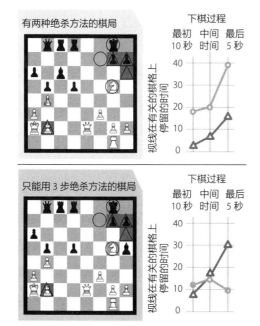

有两种绝杀方法的棋局

下棋过程

最初　中间　最后
10秒　时间　5秒

视线在有关的棋格上停留的时间

40
30
20
10
0

只能用 3 步绝杀方法的棋局

下棋过程

最初　中间　最后
10秒　时间　5秒

视线在有关的棋格上停留的时间

40
30
20
10
0

定势"陷阱"

眼动跟踪的研究结果表明，选手一旦发现了"闷杀"的方法，他们的视线在和"闷杀"有关的棋格（○）上停留的时间，要远远多于与更高效的方法相关的棋格（△），尽管他们自称一直在努力寻找其他方法。相反，当"闷杀"法失效时，选手的视线则会迅速地转移到与更高效的方法相关的棋格。

插图：George Retseck

偏见无处不在

2016 年 10 月，英国南安普顿大学的希瑟·谢里登（Heather Sheridan）和加拿大多伦多大学的埃亚·M. 雷恩戈尔德（Eyal M. Reingold）发表了他们的研究结果，支持并完善了这项基于眼球运动的研究。他们一共为 17 位国际象棋业余爱好者和 17 位专业选手设置了两种不同的棋局。在第一种棋局中，选手可以使用熟悉的战术，比如"闷杀"，但还有一种更好的战术，只是不容易看出来。而在第二种棋局中，选手熟悉的战术明显不会奏效。就像在我们的实验中一样，不管是业余选手还是专业选手，一旦发现可以使用熟悉的战术，就很少再去棋盘的其他区域寻找更有效的走法。而当这种熟悉的战术是个明显的错误时，所有的专业选手和大部分业余爱好者都发现了另一种战术。

"定势效应"绝不仅仅存在于受到严格控制的科学实验中，或是像国际象棋一样挑战智力的游戏里。在现实生活中，很多认知偏见都来源于这种效应。英国哲学家、科学家和随笔作家弗朗西斯·培根（Francis Bacon）在他 1620 年完成的著作《新工具》（*Novun Organum*）中，就极有表现力地描述了一种认知偏见的常见形式。他这样写道："人们一旦有了一个想法，就会偏向于用这个想法来解释其他所有的事情，尽管很多事实是和这个先入为主的想法背道而驰的，但人们却置之不理，完全无视。人们更愿意去记住自己成功的事情，虽然失败更为稀松平常，但人们总是不自觉地选择遗忘失败。这种心理效应对哲学和科学的影响和危害更是无孔不入——人们总是习惯用最先的想法来粉饰或歪曲后来的想法和现象。"

19世纪60年代，英国心理学家彼得·沃森（Peter Wason）将这种特殊的偏见命名为"确认偏误"（confirmation bias）。在受到严格控制的实验里，尽管人们心里也想用最客观的方式去证明某个理论，但还是会不自觉地去寻找支持自己观点的证据，而忽略掉与自己观点相矛盾的实验现象。

在《人的误测》（*The Mismeasure of Man*）一书中，美国哈佛大学的史蒂芬·杰伊·古尔德（Stephen Jay Gould）对过去一项研究的数据进行了重新分析。在那项研究中，研究人员首先假设人的智力和大脑容量密切相关，然后通过测量头骨大小或者大脑重量，来比较不同种族、不同社会阶层以及不同性别的人之间的智力。古尔德发现，那项研究的大量数据都存在失真的问题。比如，当发现法国人的平均脑容量比德国人小时，法国的神经学家保罗·布洛卡（Paul Broca）并不就此认为法国人普遍没有德国人聪明，而是将实验结果归咎于法国人和德国人的体型本来就有差异。然而，当他发现女人的平均脑容量小于男人时，他则没有将这归因于体型差异，因为他本来就认为，男人天生就比女人聪明。

古尔德在这本书里的总结有些令人吃惊，他认为布洛卡和其他犯有同样错误的研究人员其实不该受到谴责。古尔德写道："在本书讨论的绝大多数例子里，研究人员完全没有意识到认知偏见对他们的影响，相反，他们坚信自己是在追求纯粹的真理。"换言之，正如国际象棋的实验所示，是"定势效应"蒙蔽了布洛卡及与他同时代的研究人员，使他们无视推理论证过程中的严重错误，而这正是"定势效应"真正危险之处。我们认为自己在思考问题的时候毫无偏见，却完全没有意识到，我们的大脑已经选择性地将注意力投向了远离真理的方向，所有和我们最初的假设不一致的证据，都被无意识地忽视了。

"确认偏误"无处不在，它悄无声息地影响着我们生活的方方面面，在医生诊断病情和陪审员判断案情时尤其如此。在一篇谈论医疗诊断失误的综述里，内科医生杰罗姆·格鲁普曼（Jerome Groopman）注意到，在大多数医疗误诊事件中，医生犯错并不是因为他们忽视了临床症状，而是因为他们陷入了认知的陷阱。比如，当一名医生从另一名医生那里接手一位病人时，前一位医生对病人的诊断结果，有时会严重影响他自己的判断，以至于让他完全注意不到与早前诊断相矛盾的症状。比起重新分析病人的症状，做出自己的判断，接受已有的诊断结果当然要简单轻松很多。同样，放射科的医生经常会全神贯注于他们发现的第一个异常，而忽视了其他也很明显的疾病症状，比如一个可能暗示着肿瘤的膨胀部位。但当这些症状单独出现时，放射科的医生几乎都能毫不费力地发现它们。

相关研究表明，通常在法庭出示证据之前，陪审员就已经开始判断被告人是无辜还是有罪了。他们对被告人的第一印象，常常改变他们对随后出示的证据的判断，甚至改变他们对已经看过的证据的印象。同样，如果一个面试官被一个受试者的外表所吸引，他会自然而然地对受试者的智力和性格产生更为正面的期许，反之亦然。这些偏见都是"定势效应"引起的。在对人进行判断时，对一个人保持始终如一的看法，比起从万千信息中整理出头绪，显然容易得多。

那么，"定势效应"可以避免吗？在针对国际象棋选手的实验中，一些技能极为突出的选手（比如大师级的选手）就成功地避免了熟悉战术的干扰，找到了最快速有效的方法。这意味着，不管是在国际象棋比赛中，还是在科学或医学领域，一个人对专业技能掌握得越好，对"定势效应"的免疫力也就越强。

然而，在"定势效应"的影响下，没有一个人能做到完全无动于衷，即便是大师级的国际象棋选手，在棋局相当复杂时，也难逃"定势效应"的影响。有意识地提醒自己"定势效应"无处不在，能够在一定程度上帮助我们抵抗它。比如，在考量人类活动和自然因素哪个是造成温室气体排放增多的主要原因时，如果你认为自己已经知道答案，你就无法对收集到的证据进行客观判断；相反，你会更多地关注支持己方观点的证据，对这些证据的印象也更深刻。

如果我们真想要提高自己的思维能力，就必须首先正视自己的错误。英国博物学家查尔斯·达尔文（Charles Darwin）曾用一个简单有效的方法来避免"定势效应"的影响。他说，"长久以来，我都坚持一个重要原则，凡是遇到和已有经验相矛盾的新想法、新发现或新成果，我总是立刻把它记录在备忘录上。因为我发现，比起那些和自己经验一致的想法，这些东西更容易被遗忘。"

大脑中的 GPS

梅 - 布里特·莫泽（May-Britt Moser）
爱德华·I. 莫泽（Edvard I. Moser）
吴好好 译

随着全球定位系统（Global Positioning System，GPS）的出现，我们开车寻路、驾驶飞机，甚至行走在城市的大街小巷的许多习惯都发生了改变。然而在 GPS 出现之前，我们又靠什么辨识方向呢？最近的研究表明，哺乳类动物的大脑中竟然存在与 GPS 类似的精密系统，能在错综复杂的环境中为我们指引方向。

大脑究竟如何为我们导航？如同手机和汽车里使用的 GPS 系统，大脑也是靠采集个体运动的位置和时间等多方面的信息并加以整合计算，来判断我们身在何方，又将去向何处。通常情况下，进行这样的运算对于大脑来说并不费力，甚至整个过程在我们不知不觉中就完成了。只有在迷路，或者神经系统因为创伤、疾病受到损伤造成功能障碍时，我们才会意识到大脑里这个与我们密不可分却常常被忽视的导航系统竟是如此重要。

获取自己所处位置的正确信息以及确定下一步行动的具体方向，对每一个个体的生存都至关重要。如果没有大脑里的导航系统，所有动物包括人类将无法猎取食物，繁衍生息。那么毫无疑问，个体甚至整个种族将会因此灭亡。

和其他动物比起来，哺乳类动物的导航系统尤为精确和复杂。比起人类多达上百亿的神经细胞，常常作为实验动物模型的秀丽隐杆线虫（Caenorhabditis elegans），仅有 302 个神经细胞。这种线虫的行动仅仅是追寻着某种分子的浓度变化，单纯依靠环境中的嗅觉信号来判断方向。

而对于神经系统更为复杂的动物，像沙漠蚂蚁和蜜蜂，则拥有更多导航手段。其中一种与 GPS 相似的常用方法叫作路径整合（path integration），神经细胞通过实时监测动物相对于初始位置的运动方向和速度，并加以计算，获得当前所在的位置。通过这种方法，动物可以完全不依赖路标等外界因素，仅靠自身的神经系统就可以导航。对于脊椎动物，特别是哺乳类动物，用于辨识方向的方法在此基础上又进化得更为先进。

在不同的环境中，哺乳类动物大脑中不同的神经细胞会受到刺激产生兴奋，这实际上是一种膜电位的变化。而这些同时产生兴奋的神经细胞组成的图案（pattern），恰好能够反映出外界环境的空间布局，以及动物在环境中的位置。研究人员通常认为，这种大脑地图（mental map）形成于大脑皮层，皮层是包裹在大脑最外侧的结构，呈凹凸不平的褶皱状，在神经系统的进化史上出现最晚但功能上最为高级。

近年来，研究人员开始逐渐深入探索大脑中的地图是怎么产生，又是怎么随着动物的移动而不断更新的。在啮齿类动物的大脑中，研究人员发现这种导航系统实际上是由几种不同种类的神经细胞组成，当动物在空间里运动时，神经细胞不断采集动物的位置及运动的距离、方向、速度等信息，并加以整合计算。通过不同神经细胞的共同努力，大脑中的动态地图就产生了，这些信息不仅能够反映动物当下的空间位置，还能作为记忆储存起来以作后用。

认知地图

关于大脑空间地图的研究始于爱德华·C.托尔曼（Edward C. Tolman，美国著名心理学家，1918—1954 年间在加利福尼亚大学伯克利分校担任心理学教授，以研究行为心理学著称）。在托尔曼之前，人们通过对大鼠的行为学实验结果猜想，动物是通过对运动路径中不同刺激物产生的反应和记忆来辨识方向的。例如在大鼠走迷宫的实验中，研究人员就认为它们是通过记忆从起点到终点途中的一系列转折点来走出迷宫的。支持这种假说的研究人员并没有考虑到，在实验中，大鼠的大脑中可能已经形成了对迷宫空间布局的整体认知，并以此来策划走出迷宫的最有效路径。

托尔曼彻底推翻了当时的这种主流观点。同样是通过观察大鼠走迷宫，他发现有时候大鼠会选择抄近路或是绕道。如果按照当时的观点，大鼠是通过记忆一系列的转折点来走出迷宫，那就完全无法解释这种抄近路的行为。他大胆猜想，在大鼠的大脑中产生了关于迷宫空间几何结构的"地图"。这种认知地图不单单能够帮助动物识路，还可以记录动物在某个特定地点经历过的事情。

托尔曼最早在 1930 年前后就提出了大脑认知地图的假说，但对此的争议在接下来的几十年中却从未停止过。这很大程度上是因为这些结论仅仅是基于对大鼠行为的观察，而对同一种行为却通常可以有不同的解释。作为坚定的行为主义者，托尔曼相信通过对行为的研究分析可以理解人类和动物的心理活动。并且在那个时候，没有任何实验工具或是想法可以支持他更深入地探索动物的大脑中是否真真切切地存在着关于环境布局的地图。

直到 40 年后，关于神经细胞电活动（electrical activity）的研究才第一次为托尔曼的假说提供了实验证据。在 20 世纪中期，微电极在神经科学领域发展迅速，使得记录动物在清醒状态下单个神经细胞的电活动成为可能。研究人员可以在动物自由活动的过程中，记录单个神经细胞的兴奋状态。"兴奋"指的是细胞因受到刺激而产生动作电位（action potential）。动作电位是静息状态下的细胞膜产生短暂的膜电位变化，这种变化促使神经突触释放神经递质（neurotransmitter），从而将信号从一个神经细胞传递到下一个神经细胞，使下一个神经细胞也兴奋起来。

英国伦敦大学学院的约翰·奥基夫（John O'Keefe，与莫泽夫妇一起获得2014年诺贝尔生理学或医学奖）利用微电极检测大鼠大脑海马体（hippocampus）中神经细胞的动作电位——海马体是大脑中负责记忆的区域。1971年，奥基夫在实验过程中发现，在海马体中存在一种特殊的细胞，当大鼠经过封闭空间中的某个特定位置时，这些细胞就会兴奋，而当大鼠经过另一个位置时，另一些细胞就会兴奋，这种神经细胞故此得名"位置细胞"（place cells）。将所有这些位置细胞整合起来，奥基夫发现它们刚好形成一幅能反映真实空间里不同位置的地图。更为神奇的是，通过读取大鼠海马体不同位置细胞的兴奋状态，奥基夫能够正确判断出在某一时间，大鼠在封闭空间里所处的精确位置。1978年，奥基夫和同事林恩·纳德尔（Lynn Nadel，现任职于美国亚利桑那大学）认为，位置细胞是托尔曼所提出的认知地图中不可缺少的一部分，是认知地图的物质基础。

大脑中的导航系统

为了生存，几乎所有动物都需要有辨识周遭环境的能力，并在此基础上通过精密或粗简的计算，得知个体曾经去过什么地方，现在在哪里，之后又将去向何处。在进化上比较高级的动物，许多都产生了"路径整合"（path integration）系统，使得它们可以不依靠外界环境中的刺激因子进行空间定位。哺乳类动物则拥有一套更为精巧的系统，能够运用大脑中内置的地图进行导航。

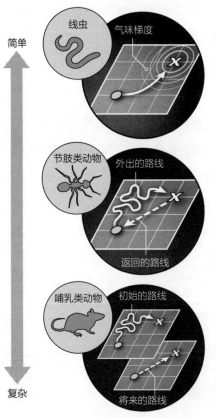

跟踪气味
低级生物，例如秀丽隐杆线虫，拥有动物中最为简单的导航系统。气味，就是线虫世界的全部。依靠着仅有的 302 个神经细胞，线虫朝着气味较浓的方向移动，直到发现食物。

内置 GPS
一些昆虫及其他节肢类动物演化出较为复杂的"路径整合"系统。它们仅靠自身就可以监测当前位置相对于初始点的移动速度和方向。这使得它们可以判断出到达目的地的最有效路径。比如当它们从 A 点到达 B 点时采用"Z"字形路线，从 B 点回到 A 点时则会选择直线而不是原路返回。

大脑地图
哺乳类动物拥有更为精密的导航系统。它们移动时，大脑中的一些神经细胞会依次激活，恰好映射了它们的运动路径。这些神经网络为动物所处的物质世界勾画出一幅大脑地图。动物将经历过的路径作为记忆储存起来，在需要时再提取出来。

插图：George Retseck

从位置细胞到网格细胞

随着位置细胞的发现，研究人员探索的目光开始投向大脑皮层最深处的这些未知地带。这是大脑中距离接收各种感觉刺激的感觉皮层（sensory cortex）和发出信号控制躯体运动的运动皮层（motor cortex）最远的地方。在 20 世纪 60 年代末，当奥基夫开展这项研究的时候，人们对神经细胞的"兴奋"与"沉默"的了解，还仅仅局限于初级感觉皮层（primary sensory cortices），这个区域的神经细胞的兴奋性直接受到来自外界的感觉刺激（光、声音、触摸等）的影响。

当时，同一领域的神经科学家普遍认为，海马体和其他感觉器官处理感觉刺激信号的方式肯定截然不同，而这种方式想必很难用简单的电极记录来理解。奥基夫并没有人云亦云，他正是用电极记录发现了海马体中的位置细胞，根据这种细胞的兴奋性绘制大脑地图，恰好复制了动物身处的外界环境，这个发现在当时无疑具有颠覆性意义。

尽管位置细胞的发现是神经科学发展史上的一座里程碑，但在之后很长一段时间，研究人员都无从知晓这种细胞到底对动物导航起到什么作用。位置细胞在海马体中的 CA1 区，这个区域位于海马体中信号传导通路的末端，由这种解剖学结构依据得出的一种假说认为，位置细胞不是直接接收从外界传递来的位置信息，而是从海马体其他区域中获取相关信息。2000 年，我们俩决定在挪威科技大学成立实验室，去验证这个关于位置细胞的假说。正是这个决定将我们引向了一个重大发现。

我们和门诺·威特（Menno Witter，现任职于本文作者所在的科维理系统神经科学研究所）及其他极富创造力的学生建立了合作。为了验证位置细胞是否从海马体的其他区域接收信号，我们设法将海马体中 CA1 区的传入信号切断，然后用电极监测大鼠的位置细胞的兴奋状态。起初我们只是纯粹地想证实这个假说，但实验结果却令我们大为吃惊。尽管 CA1 区完全失去了从海马体内部传递过来的信号，但是当大鼠运动到某个特定位置的时候，位置细胞仍然会兴奋。

毫无疑问，位置细胞并不依赖于海马体内部的信号传导，而是从别处获取信息。但除此之外，直接传入 CA1 区的神经通路就只有一条，而这条通路刚好在我们干预海马体信号通路时被忽视了。这就是紧邻海马体的内嗅皮层（entorhinal cortex），它是连接海马体与新皮层（neocortex）之间的媒介。

2002 年，我们和威特计划用微电极去探索大鼠大脑中的内嗅皮层。和位置细胞的研究一样，我们让大鼠在封闭空间里自由行动，然后记录内嗅皮层里的神经细胞的兴奋状态。我们将微电极导入内嗅皮层的一个特殊区域，这个区域的神经细胞直接连接到位置细胞所在的海马体 CA1 区。和位置细胞极为相似，当大鼠经过某个特定位置时，内嗅皮层里的许多神经细胞都会兴奋。但不同的是，内嗅皮层里某个单独的神经细胞不是仅对某一个特定位置做出反应，而是在大鼠经过好几个不同位置时都产生兴奋。

最让我们惊讶的不是这些内嗅皮层里被激活的细胞，而是它们的兴奋性竟然遵循着一种特定的规律。在我们使用小面积的封闭空间做实验时并未发现这个规律，而在 2005 年，当我们扩大大鼠活动的空间后，这种规律就呼之欲出了。我们发现，同一个内嗅皮层神经细胞会在大鼠经过几个不同位置时被激活，而这几个位置在空间里恰好构成六边形的六个顶点，于是我们将这种细胞命名为"网格细胞"（grid cells）。当大鼠经过同一个六边形的任意一个顶点时，相应的网格细胞就会被激活。

实验中，大鼠所在的整个封闭空间都被这种六边形完全覆盖，相当于一张网格，而每个六边形就是网格的组成单元，和公路路线图上纵横交错的坐标线构成的方格异曲同工。这样的兴奋方式说明，与位置细胞不同，网格细胞提供的不是关于个体位置的信息，而是距离和方向。有了它们，动物不用依靠外界环境中的刺激因子，仅靠自身神经系统对身体运动的感知，就能够知道自己的运动轨迹。

随着对内嗅皮层不同区域的网格细胞进行越来越深入的研究，我们发现不同区域产生的网格不尽相同。在靠近内嗅皮层背侧的区域，也就是接近内嗅皮层上部的地方，网格细胞将空间划分为由更为紧凑的六边形组成的网格。而从内嗅皮层的背侧向腹侧，随着网格细胞越来越靠下，它们所对应的六边形会一级一级地逐步变大，也就是说，变大过程是阶梯式的，每一级代表内嗅皮层的一小块区域，而每一级内的网格细胞所对应的六边形，大小都是一样的。

从内嗅皮层的上部到下部，网格细胞所对应的六边形的大小是可以计算的：上一个区域的网格细胞所对应的六边形的边长，乘以一个大小约为 1.4 的系数，就等于当前这个网格细胞所对应的六边形边长。比如，大鼠要激活一个位于内嗅皮层最上部区域的网格细胞，它从六边形的一个顶点移动到相邻顶点的距离大概是 30 到 35 厘米。而要激活下方相邻区域的网格细胞，大鼠就需要移动 42 到 49 厘米，以此类推。在内嗅皮层最下方的区域，网格细胞对应的六边形的边长甚至可达数米。

对于网格细胞的这种非常有规律的组织方式，我们无比兴奋。因为在大脑皮层的绝大部分已知区域，神经细胞的兴奋模式都是杂乱无章、无规律可循的。而在这里，大脑皮层最深处的内嗅皮层，居然有这样一种神经细胞有序地排列着。我们期待更深入地了解它们。此外，哺乳类动物的导航系统中除了网格细胞，还有更多惊喜等待我们去发现。

早在 20 世纪 80 年代中期和 90 年代初，美国纽约州立大学南部医学中心（SUNY Downstate Medical Center）的吉姆·B. 兰克（Jim B. Ranck）和杰夫·S. 陶布（Jeff S. Taube，目前就职于美国达特茅斯学院）就发现了一种神经细胞，每当大鼠面向某一个固定方向时，这种神经细胞就会被激活。这种被称为"头朝向细胞"（head-direction cells）的神经细胞位于前下托（presubiculum），这是大脑皮层中另一个紧邻海马体的结构。

我们在内嗅皮层里也发现了头朝向细胞的存在，事实上，它们和网格细胞混杂在一起，并且很多头朝向细胞兼具网格细胞的功能：在封闭空间内，这些细胞处于兴奋状态时，大鼠所处的位置也会形成一张网格，只不过，大鼠不仅要在这些位置上，而且必须面向特定方向时，头朝向细胞才会被激活。这种细胞无疑是动物大脑中的指南针，仅仅通过读取这种细胞的兴奋状态，研究人员就可以准确地得知，在任意时间，大鼠的头部面对的方向。

几年之后，在 2008 年，我们又在大脑的内嗅皮层发现了另外一种神经细胞。每当大鼠靠近一堵墙、空间边界或是任何障碍物时，这种细胞就会被激活，故此得名"边界细胞"（boundary cells）。边界细胞可以计算出大鼠与边界的距离，然后，网格细胞可以利用这一信息，估算大鼠已经走了多远的距离，所以在之后的任意时间，大鼠都可以明确知道自己周围哪里有边界，这些边界距离自己又有多远。

2015 年，第 4 种导航细胞隆重登场。这种细胞的兴奋状态反映了动物的运动速度，并且不受动物所处位置和方向的影响。这种"速度细胞"（speed cells）的放电频率会随着动物运动速度的增加而加快。事实上，仅仅通过记录为数不多的几个速度细胞的放电频率，研究人员就可以准确推算出大鼠当时的运动速度。速度细胞和头朝向细胞一起为网格细胞实时更新动物运动状态的信息，包括速度、方向以及到初始点的距离。

大脑如何寻找方向

自 20 世纪 30 年代起，神经科学家就在猜想，哺乳类动物的大脑中是否存在一幅空间地图，其结构复制了外界环境的空间几何分布。现在，组成这幅地图的神经细胞已经陆续被发现。具有里程碑意义的是，1971 年一位拥有英美双国籍的科学家发现，在大鼠运动的过程中，大脑海马体中的位置细胞会被依次激活，而被激活的位置细胞产生的图案竟然与大鼠运动的轨迹相同。2005年，莫泽夫妇又发现了网格细胞，这种细胞能够帮助动物记忆它运动过的轨迹，以及它所处的位置离空间的边界有多远。每个网格细胞会在几个不同的位置被激活，这几个位置连接起来正好组成一个六边形。

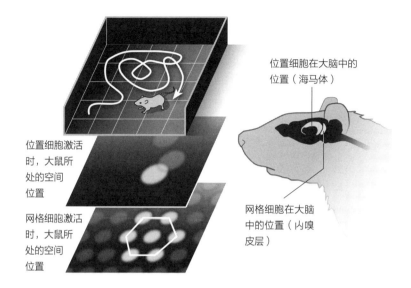

位置细胞在大脑中的位置（海马体）

位置细胞激活时，大鼠所处的空间位置

网格细胞激活时，大鼠所处的空间位置

网格细胞在大脑中的位置（内嗅皮层）

认知地图的产生
根据网格细胞的兴奋性绘制出的地图（右图），与动物身处的外界环境的地图（最右图）之间存在某种相关性。网格细胞与能识别特定位置的位置细胞协作，能够在动物的大脑中构建一幅关于周围环境的认知地图。

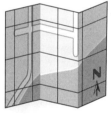

插图：Jen Christiansen

导航系统

位置细胞是哺乳类动物大脑产生认知地图的关键，随着网格细胞的发现，我们期待发掘更多向位置细胞传送信号的渠道。我们现在已经知道内嗅皮层里的多种细胞，如网格细胞、头朝向细胞、边界细胞、速度细胞等，它们各司其职，会将各种信息传递到海马体的位置细胞加以整合，让动物知道自己从哪里来，身在何处，又去向何方。但这还不是哺乳类动物导航机制的全部。

我们的研究起初只是集中在内嗅皮层的内侧，然而这并不排除位置细胞从内嗅皮层外侧接收信号的可能性。内嗅皮层的外侧相当于一个中继站，传递着来自不同感觉系统、经过加工处理的信息，包括物体的气味和属性等。通过将内嗅皮层内外侧传递过来的信息加以整合，位置细胞会综合分析来自大脑的各个结构的信息。我们的实验室和其他一些实验室正在探索，海马体是怎么解析这些从不同渠道接收的信息，关于空间位置的记忆又是如何形成的。显然，要完全回答这些问题尚需时日。

想知道内嗅皮层内侧和海马体分别形成的地图是怎样结合起来让动物实现导航的，一个方法就是看这些地图是怎样随环境改变的。早在 20 世纪 80 年代，纽约州立大学南部医学中心的鲍勃·马勒（Bob Muller）和约翰·库比（John Kubie）就发现，当大鼠来到一个崭新的环境时，海马体中位置细胞形成的地图就会彻底发生变化，就连将同一个房间同一个位置的周围空间改变颜色，大脑里的地图也会变化。

我们实验室的研究发现，让大鼠连续在 11 个不同房间的封闭空间里觅食，随着大鼠在不同房间里移动，它的大脑中很快就生成了不同的地图，每个房间的地图都不相同。这给海马体为不同环境量身打造不同地图的观点提供了实验依据。

然而和海马体不同，在内嗅皮层内侧形成的地图却是通用的。在某个环境里的特定位置上，处于兴奋状态的网格细胞、头朝向细胞和边界细胞等，在另一环境里的类似位置上也会被激活，就像是前一个地图中的经纬线又印在了新的环境中。比如，当大鼠从东北方向进入一个房间时，一系列神经细胞会因此被激活；大鼠以同样的方式进入另一个房间时，同样的细胞又会以同样的顺序被激活。内嗅皮层里的这些细胞传递出的图案，会被大脑用来导航，帮助动物在周围环境中活动。

这些信息随后会从内嗅皮层传到海马体，形成针对特定位置的地图。从进化的角度看，将两种地图整合起来用于导航可能是一种更为经济的方案。当动物从一个房间进入另一个房间时，内嗅皮层内侧形成的用于测量距离和方向的网格无须发生变化，可以重复利用。只有海马体中的位置细胞会为每一个房间单独定制一张地图。

大脑 GPS 的内部构造

人类大脑中的导航系统位于大脑深处的颞叶内侧（medial temporal lobe）。颞叶内侧的两个结构——内嗅皮层和海马体——

是大脑 GPS 的关键组成结构。内嗅皮层里不同种类的细胞组成的神经网络，揭示了哺乳类动物大脑导航系统非同一般的复杂性。

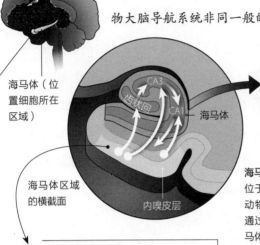

海马体（位置细胞所在区域）

海马体区域的横截面

海马体的信号传递
位于内嗅皮层的网格细胞将关于动物运动的方向和距离的信息，通过不同的神经通路，传递到海马体中的几个不同区域（齿状回、CA3 和 CA1），由此产生的大脑认知地图可以帮助动物更好地规划未来的"旅程"（见下）。

网格细胞"特写"
从内嗅皮层的背侧向腹侧，随着网格细胞越来越靠下，它们所对应的六边形会一级一级地逐步变大，这意味着要激活网格细胞，大鼠需要移动更长的距离。比如，在内嗅皮层的背侧，大鼠在六边形的一个顶点激活某个网格细胞后，需要移动 30 至 35 厘米到另一个相邻顶点才能网格细胞再次激活。而要激活内嗅皮层腹侧的网格细胞，大鼠则需要移动长达数米。

其他一些特殊细胞
在啮齿类动物大脑的内嗅皮层，不同种类的细胞各司其职，将关于个体运动的方向、速度、边界或障碍物的距离等信息传递到海马体。海马体将所有这些输入信息加以整理分析，合成一幅关于动物周围环境的完整地图。

插图：George Retseck

从空盒子到迷宫

对哺乳类动物大脑中导航系统的研究仍在进行中。我们所有关于网格细胞和位置细胞的知识，几乎都源于对大鼠或小鼠神经细胞电活动的监测。而实验都是在高度简化的非自然环境中进行的，通常是一个拥有平整表面的空盒子，里面根本没有任何可以作为路标的结构。

自然环境和实验室有着本质上的不同，自然环境会不断变化，而且充满了不同的立体物体。所有这些研究采用的都是还原论思想（reductionism，指对于复杂的系统，可以将其化解为各部分之组合来加以理解和描述），将自然环境无限简化，这种研究方式不可避免地会让人产生疑问——当动物从实验室来到大自然中，网格细胞和位置细胞还会以同样的方式工作吗？

为了回答这个问题，我们在实验室里用复杂的迷宫去模拟大鼠在自然中的生存环境。在这个精心设计的迷宫中，大鼠每经过一个长胡同都会遇到一个"发夹弯"（hairpin turn，指道路路线如同发夹），弯道后又接着下一个长胡同。我们用同样的方法记录网格细胞的兴奋状态，正如我们所料，网格细胞形成了六边形的图案，去记录大鼠在每一个长胡同里行走的距离。但是，每当大鼠经过发夹弯道时，图案却突然发生变化。一个新的网格图案会出现，对应着新的胡同，仿佛大鼠进入了一个完全不同的房间。

我们实验室通过一些后续工作发现，在足够大的开阔空间中，网格图案甚至会分解成多个小的地图。我们现在正在研究这些小的地图是如何整合成一个完整地图的。这些实验的设计尽管已经在最初的基础上加大了难度，但比起大自然的环境，还是过于简化，因为用于实验的所有空间都是水平的平面。另一些实验室的研究人员则开始观察蝙蝠的飞翔或是大鼠在立体鼠笼里的攀爬，他们发现，延伸到三维空间后，位置细胞和头朝向细胞仍是在空间中特定的位置被激活，网格细胞可能也不例外。

轨迹记忆法

大脑海马体中的导航系统的功能，绝非仅限于帮助动物从 A 点移动到 B 点。除了从内嗅皮层内侧获取关于动物的位置、距离、方向等信息外，海马体还会记录出现在特定地点的物体——一辆车，或是一根旗杆以及发生在那个地点的事情。因此，由位置细胞构建的空间地图所包含的信息不单是个体所在的位置，更有个体在特定位置经历的各种细节。这和托尔曼的认知地图的概念不谋而合。

关于动物经历的细节信息一部分源自内嗅皮层外侧的神经细胞。物体和事件的细节都和动物的位置信息一起储存在记忆中，所以当动物从记忆中提取位置信息时，在那个特定位置出现的事物和发生的事情也会同时被记起。

早在古希腊和古罗马时期，人们就将位置和其他信息整合起来，发明了"轨迹记忆法"（method of loci）。轨迹记忆法是想象将一系列需要记忆的物品依次放置在一个景区或是一栋建筑的著名通道上，这种想象的方法通常也叫作"记忆宫殿"（memory palace）。直到如今，许多记忆比赛的参与者仍然使用这种方法去记忆大量的数字、字母或是卡片。

遗憾的是，在阿尔茨海默病（Alzheimer's disease）患者中，内嗅皮层是最早衰弱的大脑结构之一。疾病的进程使得内嗅皮层的细胞大量死亡，整个内嗅皮层的尺寸也随之缩小，这个症状已被用于诊断易患阿尔茨海默病的危险人群。经常走失也已成为阿尔茨海默病早期的一个代表性症状。在阿尔茨海默病后期患者的大脑中，海马体的细胞大量死亡，使得患者已经无法忆起经历过的事情，甚至一些概念，比如说某种颜色的名称。事实上，最近一项研究发现，携带有阿尔茨海默病致病基因的年轻人表现出明显的网格细胞功能缺陷，这个发现可能会有助于阿尔茨海默病的早期诊断。

探寻未知

今天，距托尔曼第一次提出认知地图概念已经 80 年有余，我们清楚地认识到，在大脑理解和分析外周环境，确定个体所处的位置、距离、速度和方向时，位置细胞只是这一复杂过程的一个部分而已。在啮齿类动物的导航系统中发现的多种细胞，也存在于其他物种中，比如蝙蝠、猴子甚至人类自己。这意味着，诸如网格细胞之类的用于导航的细胞很可能在哺乳类动物进化的早期就已经出现，因此类似的导航系统才存在于不同种类的哺乳类动物大脑中。

托尔曼认知地图中的许多结构单元已经一一被发现，我们和许多其他科学家开始探索大脑是如何制造和有效利用这些导航细胞的。在哺乳类动物的大脑皮层中，空间定位系统已经是我们了解的最为深入的神经回路，这些回路所用的算法，也逐渐被解析，我们希望有一天能够成功破译大脑导航的秘密。

和许多其他领域一样，我们知道得越多，未知的东西也就越多。我们现在已经知道大脑里存在内置的地图，但我们更需要知道这个地图中的不同元素是怎么协同工作，产生精确定位信息，以及大脑的其他结构怎么读取这些信息，从而做出下一步行动决定的。

这个领域还有许多未解之谜。比如海马体和内嗅皮层形成的空间网络是否只能用于局部地区的导航？在啮齿类动物中，我们用于实验的空间半径只有数米。而蝙蝠的迁徙距离有时能达到成百上千千米，在这个过程中，蝙蝠是否启动了位置细胞和网格细胞用于远距离导航？

最后，我们想要研究网格细胞是如何产生的。网格细胞是否出现于动物进化的某个特定时期？在其他脊椎动物或是无脊椎动物中是否也存在网格细胞？如果真能在无脊椎动物中发现网格细胞，无疑能说明，这种导航系统在动物神经系统演化史上，已经出现了上百万年。无论如何，对大脑导航系统的探索发现将成为珍贵的宝藏，吸引数代科学家前赴后继为之努力。

你不了解的盲视力

比阿特丽斯·德杰尔德（Beatrice de Gelder）

冯泽君　译

　　看完我和同事拍摄的视频，你会非常惊讶。在一条摆满盒子、椅子和其他办公用品的走廊上，一个盲人正在前行。在医学界，这位盲人的代号为"TN"，他并不知道走廊上放有障碍物。但是，他避开了所有障碍物，小心翼翼地从废纸篓和墙壁之间侧身穿过，并围着摄影机的三脚架走了一圈。我们没有发现他采取过任何特殊措施。TN 或许真的失明了，但他拥有盲视力（blindsight）——这种超凡的能力让他能在本人完全不知情的情况下，对眼睛探知到的周遭事物做出反应。

　　TN 的失明是一个非常罕见的案例：他的失明是由 2003 年的连续两次中风导致的。这两次中风损坏了他大脑后部的初级视皮层（primary visual cortex，也称 V1 区）——首先遭殃的是大脑左半球的视皮层，5 周后的第二次中风摧毁了右半球的视皮层。虽然 TN 的眼睛没有任何问题，但由于视皮层不能再接收视觉信号，他完全失明了。

TN 穿过走廊的这项研究，或许为此前报道过的盲视力案例提供了最为有力的证据。其他因初级视皮层受损而失明的病人身上也出现过这种神秘现象，虽然没有 TN 那么让人惊叹，实质上却完全一样——能对有意识地去看却看不见的事物做出反应，不论是简单的几何图形，还是一个人表达某种情感时的面部表情等复杂图片。通过暂时"关闭"视皮层，或用其他更巧妙的方式，科学家还能在正常人身上诱导出类似效应。

我们研究盲视力的目的，不仅是要了解皮层损伤性盲人可能拥有的知觉能力，还要确定与这些能力相关的大脑区域和神经回路。研究结果将跟我们每一个人息息相关，因为即便我们终生不会遭遇 TN 那样的灾难性损伤，但可以肯定，在他身上表现特别明显的那种无意识大脑功能——即在不知情的情况下"看见"周围事物的惊人能力，也一直是我们日常生活中看不见的一部分。

什么是盲视力？

人类有意识的视觉依赖于一个名为初级视皮层的脑区，如果这个区域受损，与之对应的视觉区域就会变成盲区。当事物出现在视皮层受损病人的盲区里时，他能对此做出某种反应，而这些事物是他有意识地去看却看不见的。在一项为盲视力现象提供有力证据的研究中，代号为"TN"的病人穿过了一条满是障碍的通道，尽管他完全不觉得自己能看见这些障碍物。

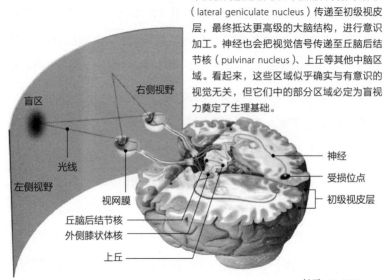

视觉回路
来自视网膜的信号由中脑的外侧膝状体核（lateral geniculate nucleus）传递至初级视皮层，最终抵达更高级的大脑结构，进行意识加工。神经也会把视觉信号传递至丘脑后结节核（pulvinar nucleus）、上丘等其他中脑区域。看起来，这些区域似乎确实与有意识的视觉无关，但它们中的部分区域必定为盲视力奠定了生理基础。

盲区

右侧视野

光线

左侧视野

视网膜

丘脑后结节核

外侧膝状体核

上丘

神经

受损位点

初级视皮层

插图：Keith Kasnot

一段充满争议的历史

早在 1917 年，医学界就报道过在第一次世界大战受伤士兵中类似于盲视力的案例，当时这一现象叫作残余视力（residual vision）。但科学家真正开始系统而客观地研究这种能力，却是半个世纪以后的事了。1967 年，率先开展这项研究的是劳伦斯·魏斯坎兹（Lawrence Weiskrantz）及其学生尼古拉斯·K. 汉弗莱（Nicholas K. Humphrey），当时他们都在英国剑桥大学，研究对象是经过外科手术改造的猴子。到了 1973 年，美国麻省理工学院的恩斯特·波佩尔（Ernst Pöppel）、理查德·赫尔德（Richard Held）和道格拉斯·弗罗斯特（Douglas Frost）在测定一位病人的眼动时发现，病人以一种不易察觉的倾向，看向他认为自己看不见的刺激物。

这些发现促使科学家对缺失了初级视皮层的动物做进一步的系统研究，其中大部分研究都是由魏斯坎兹及其同事完成的。大量研究证实，移除了视皮层后，实验动物仍具有明显的视觉能力，可以感知事物移动，分辨物体形状。

1973 年，魏斯坎兹和合作者开始在一位病人身上展开研究。这位病人的代号为"DB"，他在接受肿瘤移除手术时，失去了部分视皮层。但在更大的学术圈内，最初迎接人类盲视力相关报道的不是掌声，而是强烈的质疑。

对盲视力产生怀疑并不奇怪，因为这一现象与直觉相悖，甚至完全矛盾。毕竟，人们怎么可能在自己都不知道的情况下看见东西呢？就好比一个人说，我确实不知道自己疼不疼，这根本就说不通。同理，如果一个人坚称自己是盲人，却能看见东西，这也说不通。

然而，我们确实不一定知道自己能看见东西，也不一定知道自己看不见东西。"看见"和"知道"之间的关系，远比我们通常认为的复杂。比如，视力正常的人在视觉上有一个盲点，但我们一般意识不到盲点的存在，不知道自己的视觉存在缺陷。

盲视力研究受到质疑的另一个原因是人体证据不足：患有皮层损伤性失明，又可参与研究的受试者实在太少了。成年人中，初级视皮层的宽度仅有几厘米，大脑损伤几乎不可能只局限在这个区域。仅仅破坏病人的视觉而让其他机能保持完好，才能让科学家有机会弄清楚视觉消失后大脑还可以感知到哪些东西。尽管如此，科学家现已明确，拥有盲视力的视皮层受损病人远比过去认为的要多，质疑之声也在逐渐消失。

在视皮层受损病人中，绝大多数人的初级视皮层仍具有部分功能：不少病人的视皮层仅有一小部分受损，视野中也只有很小的盲区；有些病人则缺失了左脑或右脑上的所有视皮层，与之对应的那一半视野全部变成盲区（视皮层与视野的位置是一种交叉对应关系）。这类病人拥有盲视力的表现为：他们能感知到盲区内的物体和图片，但有意识地去看时，盲区的事物是无法看见的。

研究人类视觉的传统方法依赖于观察者口头报告他们观察到了什么。如果以这种方法测试视皮层受损的病人，他们会报告说没有看见视野盲区里的任何事物。然而，一些更为间接的研究方法却能揭示，这些看不见的视觉刺激物如何真正影响病人的反应。

在一些实验中，病人表现出了明显的生理变化，比如瞳孔缩小，这就是在无意识中看见事物的一种表现。而且，面对摆放在正常视区中的事物，他们的反应也会因为同时摆放在盲区里的事物不同而有所不同。当被问到摆放在盲区里的是哪种事物时，病人几乎每次都能回答正确。

另一种重要的实验工具是神经成像，它能直接证实哪些脑区与盲视力相关，视觉信号又是通过哪些神经回路传输的。一些长期存在的观点认为，盲视力的出现是因为一些"备用皮层"在起作用，但在大脑成像面前，这种质疑已经烟消云散。

总的来说，各种研究都表明，人们能在无意识中感知到物体的多种外观属性，比如颜色、单一的结构（如 X 和 O）、简单的运动以及线条或栅格的延伸方向。而对于过大的结构，以及非常精细的细节，无意识条件下就很难感知到。比如，只有当栅格的线条看上去与 1.5 ~ 4.5 米远的百叶窗窗格相当时，视皮层受损病人感知栅格特性的能力才最有效。

20 世纪 70 年代，魏斯坎兹及其学生汉弗莱曾做过一项研究：让一只没有初级视皮层的猴子在一间摆满杂物的屋子里随便走动，猴子竟然没有碰到任何杂物。正是受到该研究的启发，我们邀请 TN 参加了那次穿过走廊的实验。然而，当他没有碰到任何物体就穿过走廊时，我们还是感到非常吃惊。研究人员专门为TN 做过心理生理测试，以评估他的有意识视觉，结果并未发现他具有任何视觉功能（就连很大的物体也看不见）。

TN 穿过走廊的能力，让我们想起了梦游症（sleepwalking）——这是人们在完全不知情的情况下仍能完成任务的又一个现象。实际上，我们在实验后问起 TN 时，他坚称自己就是这么直接走过走廊的——既没意识到自己看见过什么，也不知道自己如何绕过那些看不见的物体。他无法解释，甚至不知道如何描述自己的行为。

哪些东西可以通过盲视力感知？

当视觉展示物的细节看上去与 1.5~4.5 米远的一块钱硬币大小相当时，盲视力的效果最好。很多基本的视觉特征都可以通过盲视力感知到：

- 简单的形状
- 一排排线条
- 物体的消失或出现
- 物体移动
- 颜色
- 线条的方向

盲视力还能识别一个人表达的情绪，但不能识别这个人是谁或是他的性别。

······

盲视情绪

行走只是动物最基本的任务之一，因此大脑在初级视皮层缺失、有意识视觉消失的情况下，仍有办法支持"导航系统"的正常运转，这并不是一件奇怪的事。作为一种社会动物，人类的生存还依赖于跟同伴的顺利沟通。我们必须要辨认不同的人，看懂他们的姿势所代表的含义，知道他们思考问题时的种种表现。由于有了这些想法，从 20 世纪末开始，我和同事就很想弄清楚，皮层受损的病人能否感知到他们视野盲区里的面部表情、肢体语言等视觉展示物。

1999 年，我们开始利用面部视频进行一些实验。视觉研究人员通常认为，从视觉的角度来看，面部非常复杂，处理起来远比栅格和其他基本形状难得多。但对于人类大脑而言，面孔却是一种处理起来极为自然的形状。病人 GY 受邀参加了我们的实验，他在孩提时代就失去了左脑上的全部初级视皮层，右边的视野因此成为盲区。我们发现，GY 能准确猜出他无法有意识看到的视频中面部所呈现的表情，但对于人物身份、性别等其他面部特征，他似乎完全感知不到。

2009 年，为了进一步研究与情绪相关的盲视力行为，我们在实验中利用了一种被称为"情绪感染"（emotional contagion）的现象——人们在与他人相处时，通常会有与他人脸部表情同步的倾向。利用面部肌电扫描技术（facial electromyography），即在受试者面部放置电极，记录通过与笑或皱眉相关的面部肌肉的神经信号，研究人员就可以测量"情绪感染"。向 GY 和 DB 展示表达高兴或恐惧情绪的面部表情及人体姿势的静态图片时，我们用肌电扫描技术检测他们的情绪变化。

结果显示，不论处于视区内还是在盲区里，所有图片都触发了他们的情绪反应。更令人吃惊的是，他们看不见的图片引起情绪反应的速度，竟然快于能够有意识地看见的图片。我们还监测到了瞳孔放大的现象，这是生理反应的一种标志。看不见的图片引起的生理反应最为强烈——看起来，我们越是有意识地感知某个情绪信号，生理反应似乎就越慢、越弱。

一种观点认为，情绪感染现象的发生，是因为人们无意识地模仿他们所看见的面部表情，而不一定识别出是哪种情绪。但由于我们的病人不仅对面部表情有反应，而且对面部经过模糊处理的人体姿势的照片也有反应，我们得出结论，他们是感知到情绪才做出了反应。

盲视力研究

由于 TN 这样的因皮层受损而完全失明的病人非常少见，因此在研究盲视力时，研究人员经常请失去一半视野的失明病人参与实验。病人盯着一个固定点的同时，在他的视区和盲区里也会出现图片。研究人员可能会让病人"猜测"，盲区里展示的是什么东西，或者当他看见视区里的图片时，去按动一个按钮。实验设备会监测他的大脑活动和无意识反应，比如细微的面部动作和瞳孔收缩。

盲视能感知情绪吗？

当病人的盲区里出现某人表达情绪的图片时，在大部分时间里，他都能准确猜出这是一种什么情绪。在病人面部，跟笑和皱眉有关的肌肉的反应方式，与图片上的人表达情绪时的肌肉反应模式完全吻合，尽管病人看不见这张图片（下图）。这就说明，在没有有意识的视觉参与的情况下，病人识别出了情绪。而且，不论图片内容是面部表情还是没有面部的身体姿势，病人都能感知其中表达的情绪——也就是说，病人识别出的是情绪本身，而不仅仅是无意识地模仿面部表情。

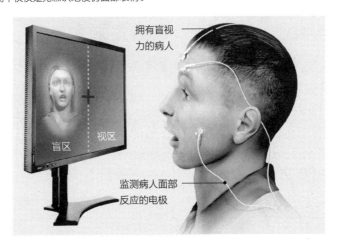

拥有盲视力的病人

盲区　视区

监测病人面部反应的电极

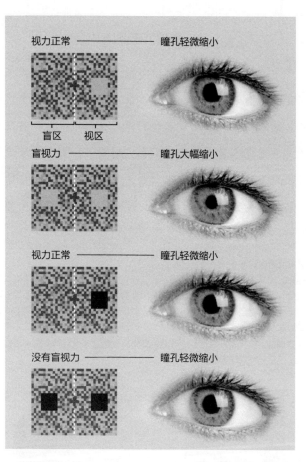

视力正常 ——————— 瞳孔轻微缩小

盲区　视区

盲视力 ——————— 瞳孔大幅缩小

视力正常 ——————— 瞳孔轻微缩小

没有盲视力 ——————— 瞳孔轻微缩小

哪些脑区与盲视力相关?

研究人员向病人展示了一些灰色(浅)和紫色(深)的方块,因为他们知道,上丘接收
不到来自视网膜的关于紫色物体的视觉信号。灰色方块能促使病人做出一些与盲视力相
关的反应,比如瞳孔收缩程度增大。这些发现结合对病人进行的神经成像研究表明,上
丘对于盲视力至关重要。

插图:Keith Kasnot;Lucy Reading-Ikkanda

我们都有盲视力

由于适合参加盲视力研究的病人实在太少，因此想要开展可控实验，在大脑完全健康的人身上暂时诱导出盲视力现象是一种非常有用的研究方法。有一种技术叫作"视觉屏蔽"，更通俗地讲，就是使用潜意识图像：让一种视觉刺激物在受试者面前一闪即逝，紧接着在相同的位置放一张图片。这张图片的出现，会干扰大脑对飞逝的潜意识图像的处理过程，使受试者意识不到自己看见了视觉刺激物，但我们的实验能找到客观证据，证明他确实看见了。在其他实验中，研究人员在受试者头部后面放置磁场，也可以暂时阻断视皮层功能，这种技术被称为经颅磁刺激（transcranial magnetic stimulation）。

大量研究表明，哪怕视觉刺激物出现时间很短，以至于不可能被有意识地察觉到，或者视皮层功能已经被经颅磁刺激暂时"关闭"，健康受试者仍能准确"猜出"刺激物是什么。很多研究还试图弄清楚，视力正常的受试者如何对他们看不见的情绪刺激物做出反应。甚至在上述盲视力研究开展之前，动物和人体实验就暗示，在大脑更深处、比皮层更古老的下皮层（subcortex）中，一些大脑结构能在视皮层等脑区详细分析视觉刺激物前就促使大脑做出合理的反应。这种无意识系统的运行，似乎与皮层中常规的、占主导地位的视觉信息处理过程同时进行。我们猜测，在永久性失明的病人中，这些由潜意识情绪刺激物激活的下皮层区域，很可能就是处理病人通过盲视力感知到的情绪的脑区。

但是，视觉正常的受试者身上诱导出的暂时性失明，在功能上是否真的等同于永久性皮层受损病人的盲视力？科学家对此一直争论不休。确切地说，使用潜意识图像之类的视觉屏蔽技术通常不会影响视皮层的信息处理过程，只会干扰进一步的意识加工。因此，潜意识图片诱导出的"盲视力"，可能与失明病人身上的盲视力现象完全不同，这两种生理过程涉及的特征脑区也不相同。经颅磁刺激技术对受试者的影响可能更接近真实的皮层损伤，但要弄清楚该技术诱导的盲视力所涉及的神经回路是否与真实的盲视力相同，还需要结合神经成像做进一步研究。

相反，病人的大脑（甚至是成年病人的大脑）受损后可能会重新构建神经连接，以弥补损失。这种神经可塑性很可能为盲视力创建了新的神经回路，而在经颅磁刺激和视觉屏蔽实验中，视觉正常的受试者都没有上述回路。在这些问题得到解决之前，要想弄清楚非皮层区域如何产生盲视力，对皮层受损病人的研究仍然至关重要。

盲视力的神经回路

利用先进的成像技术，研究人员正试图弄清楚到底是哪些大脑神经回路产生了盲视力现象。

其中一种技术叫作弥散张量成像（diffusion tensor imaging），是磁共振成像技术的一种，这种成像的工作原理在于，水沿着神经方向扩散的速度，要比垂直于神经方向的速度更快。

利用弥散张量成像，科学家已锁定了一些可能与情绪盲视力有关的神经元。这些神经通路把丘脑后结节核、上丘与杏仁核连接在一起，在情绪处理中发挥着重要作用。

盲视力的神经机制

科学家还没有完全弄清楚皮层损伤性失明病例中哪些神经结构与盲视力相关，但最有可能扮演这个重要角色的脑区叫作上丘（superior colliculus），位于中脑（midbrain，下皮层的一部分）。在鸟和鱼之类的非哺乳类动物中，上丘是接受视觉输入信号的主要结构。在哺乳类动物中，尽管上丘的重要性不及视皮层，它仍控制着眼动等其他视觉功能。盲视力可能利用了直接从视网膜传递至上丘而没有先从初级视皮层经过的视觉信息。

2009 年，我和同事研究发现，在"翻译"那些不能被人们有意识地理解为某种行为暗示的视觉信号时，中脑区域起着非常关键的作用。研究过程是这样的：我们要求一位病人，无论在什么时候，只要视区内出现一个方块，就按一下按钮。有时，我们会在他的视野盲区里同时放置一个方块。方块的颜色并不确定：有时是灰色的，有时是紫色的。我们选择了一种特别的紫色——视网膜上只有一种光敏感视锥细胞能感知到的颜色，因为我们知道，该细胞不会向上丘传递视觉信号，所以上丘对这种紫色完全"视而不见"。

当灰色方块出现在盲区里时，病人的反应加快，瞳孔缩得更小——这是大脑处理视觉刺激的一种表现。但当紫色方块出现在盲区里时，却未引起任何反应。换句话说，病人能盲视灰色方块，而不能盲视紫色方块。大脑扫描也显示，只有盲区里的灰色方块能使上丘达到最高活跃程度。一些科学家曾怀疑，在中脑内，与盲视力相关的并非上丘，而是其他区域，但在我们的实验中，这些区域的活动似乎与盲视力的产生并无关系。

上述发现表明，上丘在人类大脑中所起的作用，相当于感觉处理系统（视觉）与运动处理系统（使病人做出动作）之间的转接界面，因此它参与视觉引导行为（即用视觉信息指导个体行为）的方式，明显与大脑皮层、所有有意识的外部视觉体验无关。受试者对情绪的盲视力不仅与上丘有关，杏仁核等其他中脑区域也牵涉其中。

盲视力现象引起了很多哲学家的关注，"看见却不觉得看见"，这一矛盾的说法激发了他们浓厚的兴趣——当然，只有在把"看见"和"觉得看见"画上等号时，这才能算是一个矛盾。这种思维模式是科学家接受盲视力现象的一大障碍，也使得无意识视觉在人类认知中的作用迟迟无法弄清。

对于皮层受损性失明病人而言，这种思维方式也是一种障碍，让他们无法在日常生活中发挥盲视力的全部潜能。TN 一直把自己当成一个盲人，一生都将离不开那根白色拐杖——除非他相信自己能在无意识中看见事物。训练或许对这类病人有所帮助。经过三个月的日常刺激，皮层受损性失明病人能更好地感知盲区里的事物。不过，就像盲视力的其他特性一样，现实生活中的训练能否提高病人避开障碍物的能力，仍有待进一步研究。

婴儿天生都是科学家

艾利森·戈普尼克（Alison Gopnik）

冯泽君　译　　罗跃嘉　审校

　　30 年前，大多数心理学家、哲学家和精神病学家都认为，婴幼儿以自我为中心，没有理性和是非感，他们的认知仅限于当前的具体事物，无法理解前因后果，也不能体会他人感受，更分不清现实与虚幻。即使现在，人们也常把孩子看作不完整的人。

　　但过去 30 年的研究发现，婴儿知道的事情比我们过去认为的多得多。他们认知世界的方式，与科学家非常相似——开展实验，分析数据，形成直观的生物学、物理学和心理学理论。他们的惊人能力从何而来？2000 年前后，科学家就开始研究这些能力背后的计算、进化和神经机制，研究得到的革命性发现不仅会改变我们对婴儿的看法，也为我们提供了一个全新的角度去认识人类本质。

婴儿知道什么？

为什么这么长时间以来，我们对婴幼儿的看法一直错得这么离谱？如果不仔细观察 4 岁前的儿童，你很可能会认为他们什么也不会。毕竟，婴儿不会说话；而学龄前儿童，也不能条理分明地表达自己的想法。向 3 岁左右的小孩提出一个开放式问题，你得到的回答很可能是意识流的，虽然可爱，却不知所云。瑞士心理学先驱让·皮亚杰（Jean Piaget）等较早研究儿童思维的科学家认为，儿童的想法毫无理性和逻辑可言，只以自我为中心，对因果关系没有概念。

转变始于 20 世纪 70 年代末。科学家开始用新技术观察婴幼儿做了些什么，而不只是记录他们说了些什么。通常，婴儿更喜欢观察新奇事物，会把更多注意力放在突发事件而非可预测的事件上，因此研究人员可根据这种行为，弄清楚他们在期待什么。不过，最有力的证据还是来自对婴幼儿行为的直接观察：他们想要去抓或爬向什么东西？他们如何模仿周围人的动作？

尽管婴幼儿难以告诉我们他们的想法，但我们可以更巧妙地利用语言，推测出他们知道些什么。美国密歇根大学安阿伯分校的亨利·威尔曼（Henry Wellman）就曾分析儿童自发对话的录音，从中寻找能揭示儿童想法的线索。我们还可以向儿童提一些针对性极强的问题，比如让他们在两个选择中进行取舍，这比开放式问题更有利于分析。

在 20 世纪 80 年代中期及整个 90 年代，科学家通过这些技巧发现，婴幼儿对周围世界已有很多了解，他们的认知并不限于具体的和当前的感受。美国伊利诺伊大学的勒妮·巴亚尔容（Renee Baillargeon）和哈佛大学的伊丽莎白·S. 斯佩尔克（Elizabeth S. Spelke）发现，婴儿能够理解一些基本的物理关系，比如运动轨迹、重力和容量等。当玩具车似乎要穿过一堵实心墙时，他们往往看得更起劲，对日常生活中符合基本物理学原理的事件却不太关注。

长到三四岁，儿童具有了一些基本的生物学概念，对生长、遗传、疾病也有了初步认识。这说明儿童在看待事物时，不仅仅停留在表面。美国密歇根大学的苏珊·A. 格尔曼（Susan A. Gelman）发现，幼儿都认为动植物有一种看不见的"精髓"，不管外表怎么变化，这个"精髓"始终不变。

对婴幼儿来说，最重要的知识是对人的认识。美国华盛顿大学的安德鲁·N. 梅佐夫（Andrew N. Meltzoff）表示，刚出生的婴儿就知道人是特殊的，会模仿别人的面部表情。

1996 年，我和贝蒂·雷帕科利（Betty Repacholi，现任职于华盛顿大学）发现，18 个月大的婴儿就能分辨他人的喜好。实验中，研究人员把一碗生的花椰菜和一碗金鱼饼干放在 14 或 18 个月大的婴儿面前，并且每份都品尝一下，做出喜欢或厌恶的表情，然后向孩子伸出手，问道："能给我一点吗？"如果研究人员表现得似乎很喜欢花椰菜，18 个月大的婴儿通常会把花椰菜递出去，即使他们自己不喜欢这种东西（14 个月大的婴儿总是拿饼干给研究人员）。这项研究表明，年龄如此小的孩子也不是完全以自我为中心，他们至少能以简单的方式理解他人的想法。到了4 岁，孩子对日常心理学的理解更加深入，可以解释一个人是否因为相信一些错误的东西而举止反常。

到了 20 世纪末，一些研究已经证实，婴儿具有抽象而复杂的知识，而且随着年龄增长，这类知识还会迅速增加。一些科学家甚至认为，婴儿生来就掌握很多知识，比如对于事物和人类的行为规律的认识。毫无疑问，新生儿的大脑绝不是一片空白，不过儿童知识结构的变化说明，他们也在通过自身经历认识世界。

人类如何从大量复杂的感官信息中认识世界，一直是心理学和哲学上的一大谜团。过去十年，对于婴儿为何能又快又多又准地获取知识，科学家已经了解得越来越多。确切地说，我们发现婴儿具有一种非同寻常的能力：从统计规律中学习。

像科学家一样分析

1996 年，美国罗切斯特大学的珍妮·R. 萨弗兰（Jenny R. Saffran）、理查德·N. 阿斯林（Richard N. Aslin）和埃利萨·L. 纽波特（Elissa L. Newport）通过对语言语音模式的研究，首次证实婴儿具备这样的能力。他们给 8 个月大的婴儿播放一组具有统计规律的音节，比如"bi"跟在 3 次"ro"之后，而"da"总是在"bi"的后面。然后，他们再播放另一组音节，可能与上一次相同，也可能不同。如果统计规律不一样，婴儿明显会花更多的时间去听这组音节。最近一些研究显示，婴儿不仅能发现音调、视觉场景中的统计规律，还可以归纳出更为抽象的语法规则。

婴儿甚至能理解统计样本和取样群体间的关系。在 2008 年的一项研究中，我的同事徐飞（Fei Xu）给一些 8 个月大的婴儿展示了满满一盒乒乓球，混放着 80 个白球和 20 个红球。然后，他看似随机地从中拿出 5 个球，如果是 4 红 1 白（这种情况不大可能出现），而不是和总体比例一致的 4 白 1 红，婴儿就会显得更吃惊——也就是说，他们会花更多的时间和精力来观察乒乓球。

统计规律仅仅是第一步。更让人吃惊的是，婴儿像科学家一样，能根据统计规律做出判断，形成对世间万物的看法。在另一版本的"乒乓球实验"中，实验对象是一组 20 个月大的婴儿，他们面前的玩具由乒乓球换成了青蛙和鸭子。研究人员先从盒子里拿出 5 个玩具，然后让婴儿从桌上的玩具（青蛙和鸭子）中挑一个给她。如果盒子里玩具青蛙居多，研究人员拿出来的也以青蛙为主，婴儿在挑选玩具时就没有明显倾向。相反，如果研究人员拿出来的玩具主要是鸭子，婴儿就倾向于给她鸭子——显然，婴儿认为根据统计学规律，从盒子里拿出的玩具不可能以鸭子为主，因此研究人员的选择不是随机的，而是她比较喜欢鸭子。

婴儿的统计分析能力

婴儿很善于统计分析。研究发现，8个月大的宝宝就有比例的概念。如果从白色乒乓球占多数的盒子中，研究人员拿出的乒乓球以红球为主，就会引起婴儿的格外关注。而且，通过变换球的颜色（把白球和红球的"角色"对调），科学家得知婴儿对拿出的球格外关注，确实是因为比例不合理，而不是出于其他原因（比如喜欢某种颜色）。如果你从一大堆以绿色为主的玩具中拿出的玩具都是蓝色的，20个月大的宝宝就能推断出你更喜欢蓝色玩具。所以，婴幼儿看待世界的方法就像科学家一样，都是通过分析统计规律，从中得出结论。

我们实验室一直在研究幼儿如何利用统计学证据和实验来弄清事件的前因后果。初步结果显示，认为幼儿没有因果概念的想法绝对是错误的。研究中，我们使用了一台名为"blicket检测器"（blicket detector）的设备：把某些物品放在上面，它会发光，播放音乐，表示这是blicket；而把另一些物品放上去，则没有任何动静，表示这不是blicket。利用该设备，我们可以向幼儿演示多种模式的实验现象，然后看他们能从这些现象中归纳出怎样的因果关系。究竟哪些物品才算是 blicket？

2007 年，我和塔马·库什尼尔（Tamar Kushnir，现任职于美国康奈尔大学）发现，学龄前儿童能通过概率分析，获知"blicket 检测器"是如何运行的。我们反复从两个物块中挑一个放到设备上：如果放的是红色物块，3 次中有 2 次能使设备发光，而放蓝色物块时，3 次中设备只会发光 1 次。尽管孩子们还不会加减运算，但他们更倾向于把红色物块放到设备上。

遥控设备上的物块使之晃动，也可使设备发光。在这种情况下，幼儿仍能正确判断出，晃动哪个物块能以更高概率使机器发光。虽然在实验之初，孩子们认为隔空控制物块是不可能的（我们曾问过他们），但根据事件发生的概率，他们能不断发现让他们感到吃惊的事实，从全新的角度去认识这个世界。

在另一项实验中，我和劳拉·舒尔茨（Laura Schulz，现任职于美国麻省理工学院）给一组 4 岁儿童展示了一个玩具，玩具顶部有一个开关和一蓝一红两个齿轮。打开开关，齿轮就会转动。这个玩具虽然简单，工作原理却可以有很多种：可能是开关让两个齿轮同时转动，也可能是开关启动了蓝色齿轮，蓝色齿轮再带动红色齿轮，诸如此类。我们向孩子们展示了每种原理的示意图，比如红色齿轮的转动可能是因为受到蓝色齿轮的推动。接着，我们拿来好几个这样的玩具，每个玩具的工作原理都不同，然后为孩子们做一些相对复杂的演示，暗示玩具是怎么运转的。孩子们会看到，如果我们取下红色齿轮，再打开开关，蓝色齿轮仍会转动，但如果先取下蓝色齿轮再打开开关，玩具不会有任何动静。让人吃惊的是，当我们让这些孩子挑选每个玩具对应的运行原理图时，他们能根据自己看到的演示过程，很快弄清楚玩具是怎么运转的，找出相应的原理图。不仅如此，当另一组孩子单独面对玩具时，他们会以各种方式把玩玩具，以便弄清楚运行原理——就像在做实验一样。

舒尔茨用另一种玩具又做了一组实验。这个玩具有两根杠杆，分别连着玩具鸭子和玩偶。按一下杠杆，鸭子或玩偶就会冒出来。向一组学龄前儿童演示时，一次只按一根杠杆，相应的玩具即会出现。而给第二组儿童演示时，则同时按两根杠杆，鸭子和玩偶会一起出现，但他们从未看到单独按一根杠杆时会出现什么情况。然后，研究人员让孩子们自己玩这个玩具。第一组孩子花在玩具上的时间，远少于第二组的孩子，因为他们已经知道玩具的工作原理，兴趣大减。第二组孩子则面对着一个谜团，他们不由自主地玩着玩具，很快就弄清楚按下一根杠杆会发生什么事情。

这些结果显示，孩子们自发玩耍的过程（任何东西都想抓来玩），其实也是不断实验、探究事物因果关系的过程——这是最有效的探索世界是怎么运行的方法。

大脑中的"计算机"

显然，孩子们并非像成年科学家那样，有意识地开展实验或分析数据。不过，儿童大脑在无意识中处理信息的方式，必定与科研思维类似。认知科学的一个重要概念是，大脑就像由进化设计出的计算机，运行着由日常经历编写的程序。

计算科学家和哲学家已开始用与概率相关的数学概念，来理解科学家和儿童强大的学习能力。在一种全新的机器学习程序开发方法中，科学家运用了所谓的"概率模型"（也叫贝叶斯模型或贝叶斯网络），这样的程序可解开复杂的基因表达问题，帮助理解气候变化。这种程序设计方法也让我们对儿童大脑"计算机"的可能运作方式有了新的认识。

概率模型结合了两种基本概念。首先，它们用数学方法来描述儿童对人、事物和词语可能做出的各种假设。比如，我们可以把儿童的因果概念描绘成一张事物间的因果关系图，在"按蓝色杠杆"的图标前，画一个箭头指向"玩具鸭子弹出"，来描述这种假设。

其次，程序可以通过系统分析，把各种假设和不同模式的事件发生的概率联系起来——那些所谓的"模式"，也就是在科学实验和统计分析中出现的"规律"。一种假设与数据越吻合，正确的可能性就越大。我认为，儿童大脑可能也是以相似的机制，把自己对世界万物的各种假设与各类事件的发生概率联系起来。不过，儿童的推理方式非常复杂和微妙，简单的关联或规则很难解释清楚。

此外，当儿童下意识地使用贝叶斯统计分析法考虑非常规的可能事件时，他们可能比成年人更有优势。在一项研究中，我和同事向一些4岁儿童和成年人展示了一台"blicket检测器"，只是它的运行方式与此前的检测器有所不同：要把两个物块同时放上去才能启动。4岁儿童比成年人更容易领会这个不同以往的因果关系。成年人似乎更依赖以往的知识和经验，认为检测器通常不会以这种方式运行，哪怕证据已经暗示他们，面前的这台检测器与以往不同。

我们在近期开展的另一个实验中发现，如果幼儿认为有人在指导自己，就会改变统计分析的方法，可能导致创造力下降。研究人员给4岁儿童拿了一个玩具，只有按正确顺序进行操作（比如先拉一下把柄，再捏一下上面的小球），玩具才会播放音乐。研究人员先对部分孩子说："我也不知道怎么玩，我们一起试试看。"然后，她尝试了多次操作，故意在每次操作中加入一些多余动作，只不过有些操作的最后几步的顺序是正确的，玩具会播放音乐，而有些操作则不正确。当研究人员让孩子自己操作玩具，很多孩子都能根据他们观察到的统计规律，排除多余动作，提炼出准确而简短的操作步骤。

对于其余孩子，研究人员则说要教他们玩玩具，让他们知道哪些操作能使玩具播放音乐，哪些又不能。然后，她用玩具进行示范，方式和上次一样。当孩子们自己玩玩具时，没人尝试简短有效的操作步骤，而是照搬研究人员的整套动作。这些孩子没有注意到示范过程中的统计规律吗？也许不是，他们的行为可用一种贝叶斯模型来准确描述，而这种模型中有这样一条假设："老师"教给他们的就是最有效的操作方法。简单来讲，如果这位老师知道更简短的操作步骤，她在演示时是不会夹杂多余动作的。

我们的童年为什么这么长？

如果大脑是由进化设计的电脑，我们还想知道，婴幼儿那异乎寻常的学习能力是怎么进化而来的，背后又有怎样的神经机制？最近的一些生物学观点，和我们在心理学实验中观察到的现象非常吻合。

从进化的角度看，人类最显著的特征之一就是我们超长的发育期。人类的童年比任何动物都长很多。为什么婴儿在这么长的时间内都无法自立，需要成年人耗费那么多精力来抚养？

纵观动物界，智力越高，适应性越强的动物，幼仔的发育期就越长。"早熟"动物，如鸡类，为了适应环境生存需要，往往进化出高度特化的本能，因此幼体成熟很快。而"晚成"动物（指后代需要父母哺育照顾一段时间的动物）则需要向父母学习生存技巧。比如，乌鸦可利用一种新东西（比如一截电线），想办法把它做成一种工具，但小乌鸦依赖父母的时间远长于鸡类。

学习策略能赋予动物很大的生存优势，但在没学会各种生存技能之前往往不能自保。为了化解这个矛盾，进化为成年动物和幼年动物分配了不同的任务：在父母的保护下，幼仔只需学习如何生存，熟悉周围环境，无须做其他事。成年后，动物就可以用它们学到的知识，更好地生存和繁衍，哺育下一代。从本质上说，婴儿就是为了学习而生的。

这种学习能力的大脑机制，也在神经科学家的努力下逐渐浮出水面。相对于成年人，婴儿大脑的可塑性更强，神经元间的连接更多，而且没有哪个神经元连接的使用频率特别高。但随着年龄增大，没用过的连接会逐渐消失，有用的则会不断增强。婴儿脑中还有很多高浓度的化学物质，能轻易改变神经元间的连接。

前额叶皮层是人类特有的脑区，发育时间极长。在成年人中，这一区域负责集中注意力、制订计划、控制行为等高级功能，这些能力的高低取决于童年时期长期学习的效果。到 25 岁左右，这一脑区可能才基本发育成熟。

婴幼儿的前额叶没有发育成熟，缺乏控制力看似一大缺陷，但对学习大有裨益。前额叶会抑制不恰当的思维和行为，没有了这层束缚，婴幼儿就能自由探索周围事物。不过，一个人不能兼具孩子般的创造性探索和灵活学习的能力，以及成人才具有的高效计划力和执行力，因为高效行动需要大脑具有快速的自动处理能力和高度简洁的神经回路，学习则要求大脑具有可塑性，从本质上说，这两种大脑特征是相互对立的。

过去十年，科学家对童年和人类本质已有了新的认识。婴幼儿绝不仅仅是未发育完全的人，漫长的童年期是进化的一个"精心安排"，方便儿童去改变和创造、学习和探索，这些人类特有的能力以最纯粹的形式出现在我们的生命早期。我们都曾是不能自立的婴儿，这一点非但没有阻碍人类的进步，反而是我们能够进步的原因。童年，以及对儿童的呵护，这是人性的基点。

大脑
驭手
认知科学如何
探索颅内宇宙

第 2 章

大脑健康
的秘密

睡眠的力量

罗伯特·史蒂克戈德（Robert Stickgold）
朱 机 译

　　我真的需要睡觉吗？我去世界各地做报告讲睡眠时，总会被问到这个问题。答案一直都很明确：是的，每个人都需要睡觉。就和饿、渴、性欲一样，对睡眠的强烈需求来自于生理层面。然而，花费我们人生三分之一时间的无意识状态，始终是个让科学家困惑的难题。

　　世界一流的睡眠研究者艾伦·雷希夏芬（Allan Rechtschaffen）在 1978 年承认，我们对这个问题无解："假如睡眠没有不可或缺的重要功能，那将是生物演化中犯的最大错误。"20 世纪 90 年代，另一位杰出的睡眠研究者 J. 艾伦·霍布森（J.Allan Hobson）讲过一个笑话，他说睡觉已知的唯一功效是消除睡意。

对于我们为什么必须睡觉，过去 20 年的研究终于开始提供了一点解释。其中最明确的研究结果是，睡眠并不是为了单一的目的。睡眠为多种生物学过程的最佳状态所需，这些过程包括免疫系统的内部运作、激素平衡的调节、情绪健康和心理健康、学习和记忆、脑部毒素的清除等。但另一方面，缺乏睡眠时，这些功能也不会完全罢工。一般情况下，睡眠的功能似乎是增强这些系统的性能，而非这些系统所必需。

即便是这些尚不完备的理解，也已经花费了科学家数十年的工夫。20 世纪结束时，研究人员仔细测量了脑电波活动、呼吸模式和一天内血液中激素等分子的含量波动，推翻了"睡眠是由皮肤表面血液回流或胃部积累热蒸汽而引起"的古老说法。近年来，研究人员开始寻找那些说明睡眠起作用的所有原因。讽刺的是，尽管有越来越多的证据揭示，一夜好觉对精神和肉体的正常运作必不可少，但 21 世纪的人在睡神臂弯里度过的时间却越来越少。

致命的失眠

睡眠是一种绝对需求，对此最明确的证据来自 1989 年卡罗尔·艾弗森（Carol Everson）发表的一项研究成果。艾弗森那时在雷希夏芬的实验室工作（现在在威斯康星大学医学院），她发现，被完全剥夺睡眠的大鼠在一个月内会全部死亡。实际上，她只需阻止实验动物进入以快速眼动（REM）为标志的睡眠期就达到了这种致命的结果。可是，四分之一个世纪过去了，研究人员依然无法解释为什么这些大鼠会死亡。这期间的一系列实验只是排除了一些可能的原因，比如压力增大、能量消耗过大、体内热量调节失控或免疫系统失调等。

死于睡眠剥夺的并不只有大鼠。关于致死性家族性失眠症的描述，大约在30年前首次出现。正如其名称所示，这种遗传疾病会导致不间断的失眠，最终造成患者死亡。当时在意大利博洛尼亚大学的一组研究人员于1986年报告了这种病例。由艾利欧·卢加雷西（Elio Lugaresi）和罗塞拉·米多里（Rossella Medori）带头的这个团队描述了一名53岁男子经历了数月不断加重的难治性失眠后死亡的情况，并且他家两代人中其他很多亲戚也有一样的遭遇。死后的尸检结果显示，在丘脑的两个区域内，有大量神经细胞消失。丘脑这个结构位于中脑，有核桃那么大，一般被看作是感觉信号传入大脑时的中间站。而死者出问题的这两个区域更多负责调节情绪、记忆和产生睡眠梭形波（sleep spindles）。所谓睡眠梭形波是人在睡眠时，出现在脑电图上的一种重要波形。

丘脑的退化会如何导致失眠或死亡，我们并不清楚。但损伤本身的直接原因现在已经弄清了。20世纪90年代初，美国凯斯西储大学的米多里与同事发现，一种叫朊病毒的畸形蛋白是神经退化的主凶。已知朊病毒可在羊中引发瘙痒症，在人类中引发牛海绵状脑病（俗称"疯牛病"），而在致死性家族性失眠症中，朊病毒不像前两种疾病那样经由环境感染，而是通过基因传给下一代。

好在除此之外就没有因睡眠剥夺而死的案例报告了（意外死亡不包括在内，比如缺乏睡眠的司机在行车途中睡着从而引发事故之类的）。不过，也没有其他报告记录有人因连续数月不睡觉而死亡。因此，我们现在只知道两种完全剥夺睡眠并导致死亡的情况：在实验室中人为剥夺大鼠的睡眠和人类中的遗传性朊病毒疾病。对这两个例子，我们都不知道机体死亡的确切原因。

抗体和激素

同时我们又很清楚，只要一晚上不睡，甚至只是一晚上没有睡足，身体的各种机能就会受到影响，比如激素活性和身体对病原体感染的抵抗力。有两项研究观察了身体对肝炎疫苗的反应，结果显示，睡眠剥夺会对免疫系统造成严重影响。第一项研究是在 2003 年，一些大学生在早晨接种了标准化的甲型肝炎灭活疫苗，之后一半学生经研究者许可，可以正常睡觉，而另一半学生则彻夜保持清醒。

睡眠剥夺组直到第二天晚上才被允许睡觉。4 周后，研究人员采集了这批学生的血样，检测血液里的抗体水平。抗体是由免疫系统对疫苗中的灭活病毒做出的应答物质，起到保护作用，抗体水平越高，说明对疫苗产生的免疫应答越强，因而在未来感染病毒时起到的保护作用就越强。检测结果显示，当晚正常睡了个好觉的学生的抗体水平，比当晚没有睡觉的学生高 97%。

夜间睡眠不充足造成的负面效果同样可以量化。第二项研究中，参与实验的成年人在 6 个月内接种了 3 针标准化的乙型肝炎疫苗（重复注射是为了逐步获得充分的免疫保护）。研究人员给了每个受试者一块类似手表的运动检测仪，用于监测他们在家的睡眠状况。研究人员分析了接种第一针后，受试者的一周平均睡眠时间，以及接种第二针后，受试者体内的抗体水平。对比了睡眠时间和抗体水平后发现，平均每多睡一个小时，抗体水平增加56%。而接种完最后一针的 6 个月后，研究人员再次检查了受试者血液中的抗体水平。结果发现，在接种第一针那周，每晚平均睡眠时间不足 6 小时的人的抗体水平低到不足以发挥保护作用的可能性，要比其他人高 7 倍。

激素功能也会因缺乏睡眠而被削弱——支持这一结论的有力证据来自卡琳·斯皮格尔（Karine Spiegel）完成的一系列实验。她当时在芝加哥大学与艾娃·凡·考特（Eve Van Cauter）合作。在其中一项实验里，研究人员要求 11 名健康男青年晚上只睡 4个小时。经过 5 晚时间有限的睡眠后，这些人降低血糖的能力（这一生物过程主要由胰岛素负责）下降了 40%。在另一项实验中，斯皮格尔等人对 12 名男性做了类似的持续两晚的睡眠限制。研究者检测了志愿者血液内的饥饿激素（ghrelin，这是一种刺激食欲的激素）的含量，结果发现该激素的水平跃升了 28%。与此同时，另一种叫瘦素的激素，则减少了 18%，而瘦素的作用是向大脑发出不需要进食的信号从而抑制饥饿。毫不意外，睡眠剥夺者报告的饥饿程度平均提高了 23%。

综上所述，这些人体生理研究说明，睡眠不足可能导致体重增加——这一假说目前至少还得到了另外 50 项研究的支持。有几项调查研究显示，6 ~ 9 岁儿童中，每晚睡眠时间少于 10 小时，肥胖可能性提高 1.5 ~ 2 倍；而成人研究显示，在每晚睡眠少于 6 小时的实验参与者中，患肥胖症的可能性会增加 50%。此外，还有研究表明，睡眠受限与 II 型糖尿病的发展有相关性。

睡眠与抑郁

睡眠受限会显著影响免疫功能和激素作用，但受影响最大的恐怕要数大脑。2006 年，我和现今在加利福尼亚大学伯克利分校的马修·P. 沃克（Matthew P. Walker）合作开展了一项研究，想看看单个晚上的睡眠剥夺会如何影响人们存储的情感记忆。我们向 26 名受试者展示了一些单词，词义有积极的、消极的和中性的（例如"冷静""悲痛""柳树"），而其中半数受试者在此前一晚经历了睡眠剥夺。研究人员还要求受试者给自己的情绪状态评级。接着，经过两晚的恢复性睡眠，研究人员又出其不意地让他们接受了一次记忆测试。

相比此前正常睡眠的受试者，看单词前被剥夺睡眠的人，在单词识别测试中认词能力表现出 40% 的衰退。但更令人吃惊的是，睡眠剥夺对三类单词的记忆能力有不一样的影响。被剥夺睡眠后，受试者对积极性单词和中性单词的认词能力都衰退了 50%，但他们对消极单词，却只有 20% 的衰退。相反，正常睡眠之后，对积极单词和消极单词所形成的记忆几乎无差别，但记得的中性单词是最少的。换言之，参与研究的受试者在被迫削减睡眠时间后，对消极单词的记忆强度似乎至少是积极单词和中性单词的两倍。

从这个结果可以得出一种相当可怕的结论，那就是当你被剥夺睡眠后，对生活中的负面事件所形成的记忆，事实上要比正面事件多一倍，从而对自己生活产生有偏差的记忆，并且很可能是沮丧的记忆。实际上，过去 25 年里有数项研究得出结论，睡眠不好会在特定情况下引发抑郁情绪，严重时可达到被诊断为重度抑郁的程度，还可能成为其他心理障碍的原因。

在各种心理障碍中，证明睡眠不足与抑郁的因果关系的证据最近几年特别多。这些证据中，有很大一部分来自睡眠呼吸暂停的相关研究。睡眠呼吸暂停是一种疾病，表现为患者在睡觉时空气进入肺部受阻。睡眠呼吸暂停可能导致打鼾、气喘、呼吸中断等。一旦短暂中断呼吸，患者会立刻醒来，以便再度呼吸。因此，深受睡眠呼吸暂停之苦的人有时每一两分钟就要醒一次，这样的情况可能会持续一整夜。2012 年，由美国疾病预防与控制中心开展的一项研究发现，确诊为睡眠呼吸暂停的男性和女性，患上重度抑郁的可能性分别要比睡得好的同性高出 2.4 倍和 5.2 倍。

当然，找到两件事之间的相关性并不等于证明了两者有因果关系。不过，最近针对 19 项研究所做的分析发现，用持续正压通气设备（CPAP）治疗睡眠呼吸暂停，使患者恢复正常呼吸和睡眠，可以显著缓解抑郁症状。其中一项研究在起始阶段招募的受试者中，抑郁症患者的比例恰好比较高，结果发现在 CPAP 使用者中抑郁症状减少了 26%。

这些研究结果还不能完全证明断断续续的睡眠会引起抑郁，也不能就此证明 CPAP 疗法可与其他抗抑郁药的效果相提并论。然而，这些调查结果是有建设性的，可以启发后续的调查研究。类似的，2007 年的一项研究发现，为患有注意缺陷多动障碍（ADHD）的孩子治疗睡眠呼吸暂停后，多动症状评分降低了36% ——相比典型的 ADHD 药物治疗所取得的 24% 的降幅，效果显然更好。

塑造记忆

尽管研究者仍不清楚睡眠及缺乏睡眠影响精神健康的生理

机制，但研究人员猜测，由于睡眠会帮助大脑将人们的日常经历转换为记忆，因此，睡眠对精神健康的影响，可能是通过这一过程实现的。过去 20 年，很多发现都表明，无论是谁，无论情绪状态如何，睡眠都参与了记忆加工。其中一些研究发现，学习后睡一觉，这时的睡眠会选择性地巩固、增强、整合和分析新的记忆。睡眠以这种方法控制我们记住什么、怎么记。

19 世纪末和 20 世纪初，科学界曾认为记忆是不牢固的，要经历一个叫作"巩固"（consolidation）的过程，才可以转变为可终生持续的稳定形式。近来的更多研究则表明，在大脑记录与巩固记忆后，记忆仍然保留着变化的可能。实际上，一段记忆可以在它首次形成之后持续很久，在复苏时再度进入不稳定的状态，因此需要再巩固；而在这种不稳定状态下，记忆可以改变，或者完全丢失。这一发现既是好消息也是坏消息——说这是坏消息是因为原先准确的信息可以被破坏，说是好消息是因为错误的信息可以得到修正。因而，研究者已经开始用记忆演化来取代原先所说的记忆巩固，尤其是在讨论有赖于睡眠的记忆加工时。

现代睡眠与记忆的研究始于 20 多年前，当时以色列科学家阿维·卡尼（Avi Karni）与同事的研究表明，受试者的视觉分辨测试成绩在经过一整晚睡眠（并且必须是进入快速眼动期的睡眠）后，的确有所提高（这里岔开说一句，做梦通常是在快速眼动期发生的）。他们的实验说明，睡眠不仅可以稳固记忆，避免记忆随时间消退，还可以增强记忆。

2000 年的一天，沃克挥着一本期刊走进我的办公室，说里面的一篇文章"也跟睡眠有关"。那篇论文描述了一个测试，受试者要练习按特定顺序运动手指，而经过一段时间后，这个任务即便不用额外的练习，也会变得轻松。不过，文章作者并没有考察睡眠在这种进步中起了什么作用。不到两个星期，沃克有了答案。他发现睡眠的确改善了他们的表现，而且他后来还确认，睡眠的这种好处靠的是非快速眼动睡眠，即浅睡阶段，而不是像卡尼的视觉实验那样靠快速眼动睡眠。一个结论呼之欲出：大脑在不同的睡眠期增强了不同类型的记忆。

接下来的研究则表明，并非所有的记忆都需要靠睡眠来稳固。现任职于美国圣母大学（University of Notre Dame）的杰西卡·佩恩（Jessica Payne）在 2008 年开展了一项实验，她向受试者展示了一些令人不快的画面，比如马路中间的一只死猫。她发现，受试者睡了一晚后仍能准确地认出死猫的样子，但他们遗忘了作为画面背景的街景。这个实验最精彩的部分是，她也让受试者早上看画面，并清醒地度过了一个白天。在傍晚接受测试时，受试者却没有选择性地遗忘背景。并且，如果画面中心不是令人不快的东西，比如只是一只猫在过马路，选择性遗忘也没有发生。因此，睡眠，而不是清醒状态，让受试者的大脑优先保留高度情绪化的中心意象，而较少保留中性画面（猫过马路）和画面背景。

但并不只有情绪记忆会在睡眠时得到优先增强。任何你认为重要的内容都有可能在你睡觉时被选择性地记住。欧洲的两个团队报告过他们的发现：实验中，两组受试者被分别告知，睡醒之后，他们将就受训的某些任务内容选择性地接受测试。你可能已经猜到了，隔天测试时，只有那些会测试的内容被记得更牢。相反，如果让受试者早上接受训练，并通知他们晚上有些内容要测试或不用测试，结果并没有出现多大差别。仍然是睡眠，而不是清醒状态，选择性地增强了大脑认为有价值的记忆。

以上研究结果正好可以支持哈佛大学科学家丹尼尔·夏克特（Daniel Schacter）提出的观点：记忆并非关于过去，而是关乎未来。他提出，我们之所以演化出了记忆系统，不是因为这样我们就能追忆过去，而是因为这样我们就可以利用过去的经验来提升将来的表现。有了这样的理解后，再来看睡眠似乎最在意那些可能关乎未来的信息，你就不会觉得奇怪了。我们常说，"天大的事情睡一觉再说"（问题留到明天再说），其实我们不只是要求大脑在睡觉时记住些什么，我们想要大脑提取已经存在那里的信息，并完成某种计算，把各种可能性列出来进行选择，找到问题的最优解。我们运气不错，真有这回事！

加利福尼亚大学洛杉矶分校的巴巴拉·J. 诺尔顿（Barbara J. Knowlton）等人开发的天气预报实验就明确说明了睡眠中的大

脑有这种分析能力。诺尔顿向受试者展示 4 张牌中的一张或几张，其中每张牌上有一个几何图形（圆形、菱形、方形或三角形）。研究人员事先给每张牌关联了某种设想的天气结果，比如晴天或下雨，但没有把相关信息告诉受试者。接着，受试者在完成任务时，要根据牌面显示的图案预测，这些牌暗示的天气是晴还是雨。一段时间后，受试者感觉到了牌面与天气是怎么关联的。比方说，第一次出示的牌是菱形图案，就会被告知天气将会是晴天。然后，第二次同时出示圆形和三角形的牌，天气将会是雨天。只玩了这两次，受试者就开始对牌面和天气的关联建立假设，比如菱形可能意味着晴天。在第三次出牌时，研究人员又出示了菱形图案，可这次对应的天气是雨天。

这里用了一个花招，即牌面与天气的相关性存在一定概率。也就是说，菱形牌预测的天气 80% 为晴天，余下 20% 是雨天。其他牌面预测的天气是 20%~60% 为晴天。在诺尔顿的实验中，受试者玩了 200 次后仍然不得要领，大概只有 75% 的时候猜对最有可能的天气。

通过这类任务，研究人员可以区分大脑中的不同记忆系统：与记住事实有关（"是什么"）的记忆系统，以及与掌握技能有关（"怎么做"）的记忆系统。在天气预报任务中，受试者会从使用"是什么"的系统慢慢地转变为使用"怎么做"的系统。我们实验室的伊娜·强拉基奇（Ina Djonlagic）想了解在睡眠时会有怎么样的情况，结果获得了意想不到的发现。当受试者早上练习，在当天晚上进行复测时，他们预测天气的正确率还是在 75% 左右，看来完全保留了早上掌握的信息。但是，另一批受试者在晚上进行练习，睡了一觉后接受测试，他们的预测成绩却比前一晚提高了 10%。大脑在睡觉时能以某种方式促进受试者理解牌面与预设天气的联系。他们对于世界如何运作得出了更好的模型。

　　随着研究人员越来越深入地研究睡眠时发生的事情，他们发现晚上睡个好觉的好处也越来越多。最近要添进清单的一项好处恐怕是清除大脑产生的垃圾。2013 年，美国罗切斯特大学医学中心的谢璐璐（Lulu Xie）等人发表文章表示，大脑的细胞间隙在睡眠时增大，使得脑脊液在大脑和脊髓之间可以更顺畅地流动。研究人员给小鼠注射了 β - 淀粉样蛋白（在阿尔茨海默病患者的大脑中可以发现神经元之间有淀粉样斑块，其前体为 β - 淀粉样蛋白），结果发现 β - 淀粉样蛋白被清除的速率在动物睡眠期间比在清醒期间要快一倍。他们推测，脑脊液流速增加有助于从脑中排出可能有害的分子，避免它们留在可能引起最大损伤的区域。接下来，研究人员将探究阿尔茨海默病患者在正常睡眠时发生的流速增加能力是否会被削弱。

　　关于睡眠功能的最新研究，以及未来可能做出的发现告诉我们，为了应付日常需求而省下睡觉的时间看来是个坏得不能再坏的方法。研究睡眠在激素、免疫、记忆方面作用的研究结果全都表明，如果你睡眠不足，除了会很疲劳外，你还会落得生病、肥胖、健忘和郁郁寡欢的下场。

别减少睡眠

研究人员发现，睡眠剥夺会通过多种途径损害精神健康和身体健康。下面强调了其中研究最透彻、影响最严重的一些结果。

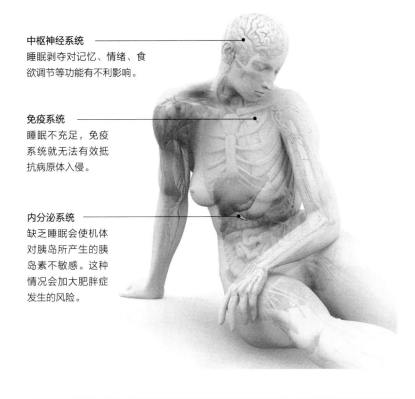

中枢神经系统
睡眠剥夺对记忆、情绪、食欲调节等功能有不利影响。

免疫系统
睡眠不充足，免疫系统就无法有效抵抗病原体入侵。

内分泌系统
缺乏睡眠会使机体对胰岛所产生的胰岛素不敏感。这种情况会加大肥胖症发生的风险。

冥想之力重塑大脑

马修·李卡德（Matthieu Ricard）
安托万·卢茨（Antoine Lutz）
理查德·J. 戴维森（Richard J. Davidson）
易小又　译

2005 年，当美国神经科学学会邀请一位宗教人士在该学会的年会上发表演讲时，在近 35 000 名与会者中，有数百人提出反对意见，希望取消宗教人士的演讲。因为他们认为，学术会议中没有宗教人士的位置。但这位宗教人士却向与会科学家提出了一个挑战，并激发了很多问题。他在演讲中说道："佛教作为古印度的传统哲学和宗教，与现代科学之间有何联系？"

早在 20 世纪 80 年代，一场科学与佛教的对话就已经开始了，致力于研究冥想的美国心智与生命研究所（Mind & Life Institute）因此成立。2000 年，关于冥想的研究有了新的关注点：邀请科学家研究佛教资深冥想者的大脑活动。所谓的"冥想神经科学"这一学科分支也由此建立。所谓佛教资深冥想者，指的是冥想时间超过 1 万个小时的冥想者。

近 15 年来，100 多名佛教人士以及大量冥想初学者参与了威斯康星大学麦迪逊分校和其他至少 19 所大学开展的科学实验。实际上，本文就是由两位威斯康星大学的神经科学家和一位最初接受过细胞生物学训练的佛教人士合作完成的。

通过比较资深冥想者和初学者及非冥想者的大脑扫描结果，科学家已经开始解释，为何冥想有可能增强人们的认知能力，带来情感上的好处。其实，冥想的目标与临床心理学、精神病学、预防医学和教育学的许多目标有交叉重叠的地方。正如不断增多的研究结果显示，冥想可能有治疗抑郁和慢性痛的功效，还能增强幸福感。

冥想对人体有益的发现符合神经科学领域的最新研究结果——通过实践活动，成年人的大脑可以发生明显变化。这些研究显示，在我们学习杂耍或弹奏乐器时，大脑会通过一种名为神经可塑性（neuroplasticity）的过程发生改变。随着演奏乐器的技艺越来越精湛，小提琴演奏者的大脑中控制手指活动的区域会日益变大。在我们冥想时，似乎也会出现类似的变化过程。周围环境没有丝毫改变，但冥想者通过调整自己的精神状态以达到内心充实的境界。这是一种可以影响大脑功能及其物理结构的体验。从研究中收集到的证据显示，冥想可以使大脑的某些神经回路重新连接，这不仅会对精神和大脑产生有利影响，还会惠及全身。

多样化的冥想体验

神经成像等技术的发展，让科学家可以深入了解冥想期间大脑会发生什么变化。此项研究涉及三种主要的冥想方式：专注冥想、正念冥想、慈悲和仁爱冥想。下图为读者解释了在专注冥想期间，大脑发生的各种事件以及被激活的特定大脑区域。

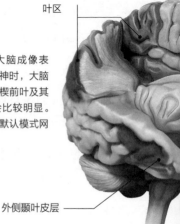

楔前叶及后下顶叶区

专注冥想
专注冥想通常会指引冥想者将注意力集中在自身的呼吸节奏上。即便是专家，也会走神，因而必须重新把注意力集中在关注对象上。埃默里大学的一项大脑扫描研究确定了与注意力转移时明显相关的大脑区域。

❶ **走神**
专注冥想者的大脑成像表明，在冥想中走神时，大脑后扣带回皮层、楔前叶及其他区域的活动会比较明显。这些区域是大脑默认模式网络的一部分。

外侧颞叶皮层

正念冥想
正念冥想又称"开放监视"冥想，它让冥想者留心视觉图像、声音以及身体内部感觉、自身想法等其他各种感觉，同时又不能让注意力被这些感觉带走。资深冥想者的岛叶皮层、杏仁核等与焦虑相关的大脑区域的活跃程度会明显下降。

慈悲和仁爱冥想
慈悲和仁爱冥想要培养利他精神，不管对方是敌是友。当我们设身处地替他人着想时，颞顶连接区等大脑区域的活动就会增强。

❹ **长时间集中注意力**
当冥想者将注意力长时间放在自己的呼吸节奏上时，背外侧前额叶皮层就会一直保持活跃状态。

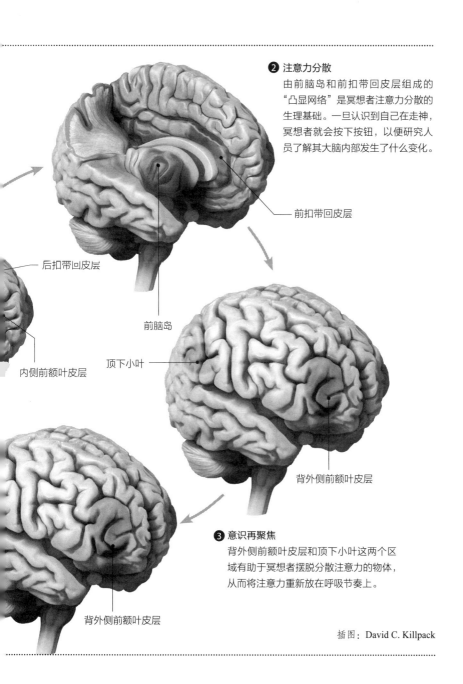

❷ 注意力分散

由前脑岛和前扣带回皮层组成的"凸显网络"是冥想者注意力分散的生理基础。一旦认识到自己在走神，冥想者就会按下按钮，以便研究人员了解其大脑内部发生了什么变化。

前扣带回皮层

后扣带回皮层

前脑岛

内侧前额叶皮层

顶下小叶

背外侧前额叶皮层

❸ 意识再聚焦

背外侧前额叶皮层和顶下小叶这两个区域有助于冥想者摆脱分散注意力的物体，从而将注意力重新放在呼吸节奏上。

背外侧前额叶皮层

插图：David C. Killpack

什么是冥想？

冥想根植于世界上几乎所有主要宗教的禅修练习中。它在媒体上无处不在，这也让这个词有了多种含义。我们这里提到的冥想是对人的基本素质的培养，这些素质包括更稳定清晰的头脑、情感平衡、关心他人的意识，甚至是爱和同情。如果人们不积极开发这些素质，它们将会一直隐而不现。冥想同时也是对一种更安详、更灵活的存在方式的熟悉过程。

总体来说，冥想难度不大，不需要任何设备或运动服，随便找个地方就可以开始。冥想者首先要选择一个舒适的姿势，身体既不要绷得太紧，也不要太松弛，心里想着要改变自己，希望别人健康快乐，远离痛苦。随后，冥想者必须稳定自己的心绪。我们的心绪经常很杂乱，充满了喋喋不休的声音。要控制自己的心绪，就得把它从无意识的心理调节和内心的迷茫中解放出来。

本文将讨论在完成三种常见的冥想时，大脑会发生什么变化。这三种冥想方式源于佛教，现在也同样存在于全世界很多的医院、学校等公众场所里。第一种方式是专注冥想（focused-attention meditation），旨在控制大脑，将注意力集中在当前时刻，同时提高冥想者对分散注意力的东西保持警惕的能力。第二种方式是正念冥想（mindfulness）或称"开放监视"冥想（open-monitoring meditation），旨在让冥想者减少对当前想法和感觉的情绪反应，以防情绪失控和精神痛苦。在正念冥想过程中，冥想者须时刻留心自己的所有感受，但又不能将注意力集中在任何特定感受上。最后一种冥想是培养冥想者的同情心和利他精神，同时把对个人的专注倾向最小化。

透视冥想中的大脑

神经科学家目前已经着手探索各类冥想活动期间大脑内部会发生什么。当时还在美国埃默里大学的温迪·哈森坎普（Wendy Hasenkamp）和同事运用大脑成像技术，找到了可由专注冥想激活的神经网络。在大脑扫描仪中，参与者通过训练，将自己的注意力集中在因呼吸而产生的感觉上。通常，在这种形式的冥想期间，冥想者会走神，他们必须意识到这点，然后将注意力重新集中在自己平稳的呼气和吸气的节奏上。在这项研究中，冥想者在意识到自己走神时，须按下信号按钮。研究人员通过实验，鉴定出了认知周期的 4 个阶段：大脑走神阶段、意识到注意力分散阶段、重新集中注意力阶段以及恢复专注阶段。

这 4 个阶段都涉及特定的神经网络。周期的第一阶段，即在冥想者走神时，大脑默认模式网络（default-mode network，以下简称 DMN）的活动就会增加。大脑默认模式网络包括这些区域：内侧前额叶皮层（medial prefrontal cortex）、后扣带回皮层（posterior cingulate cortex）、楔前叶（precuneus）、顶下小叶（inferior parietal lobe）以及外侧颞叶皮层（lateral temporal cortex）。目前已知，人在走神时，DMN 会被激活，在建立和更新人们的内心世界时发挥广泛的作用（人们内心世界的建立是基于自我和对他人的长时记忆）。

在冥想者意识到注意力分散的第二阶段，大脑的活动区域转移到其他脑区，比如前脑岛（anterior insula）和前扣带回皮层（anterior cingulate cortex），也就是我们所谓的"凸显网络"（salience network）。这一网络可以调控我们的主观感受，而这些感受可能会导致我们在执行任务期间分心。一般认为，"凸显网络"在感知新事件时会发挥重要作用。而在冥想期间，"凸显网络"可以切换各个神经元群的活动状态，比如，把注意力从大脑默认模式网络转移到其他地方。

认知周期的第三个阶段涉及另外两个大脑区域：背外侧前额叶皮层（dorsolateral prefrontal cortex）和顶下小叶（inferior parietal lobe）。它们可以让注意力离开任何让人走神的外界刺激，从而让冥想者重新集中注意力。最后，在第四个阶段中，位于前额之后的背外侧前额叶皮层活动会增多，这通常表明注意力已经集中在某一对象上，比如呼吸。

在威斯康星大学的实验室里，我们根据冥想者的经验级别，进一步观察了不同的活动模式。和冥想初学者相比，在冥想时间超过 1 万个小时的资深冥想者的大脑中，与注意力有关区域的活跃度更高。但矛盾的是，经验最为丰富的冥想者的活动程度，还不如经验稍逊的资深冥想者。高级冥想者似乎掌握了一种方法，可以更容易达到聚精会神的状态。这些效应类似音乐家和职业运动员的技能，只需最低限度的意识控制，就能让自己的表现处于最佳状态。

为了研究专注冥想的作用，我们还对冥想训练前后的志愿者展开了研究。该训练为期 3 个月，每天至少进行 8 个小时的高强度训练。志愿者头戴着耳机，耳机里面会播放特定频率的声音，偶尔掺杂轻微的高音。志愿者需要在 10 分钟内，专注于一只耳朵听到的声音，并对定期掺杂其中的高音做出反应。我们在训练结束后发现，在这种容易让人走神的、高度重复的任务中，相比那些没有接受过冥想训练的对照组志愿者，冥想者的反应时间在不同测试中的变化幅度较小。结果表明，冥想者有更强的让自己保持警觉的能力。而且在第二次实验中，只有冥想者的大脑对高音的反应表现得比较稳定。

正念冥想

第二种经过深入研究的冥想类型——正念冥想，也涉及另一种形式的注意力。正念冥想又称开放监视冥想，要求冥想者留心看到和听到的一切，并且监视身体内部的感觉以及内心想法。冥想者会一直留心身边发生的一切，但又不会过分沉浸于某一感觉或想法。每当大脑走神时，冥想者又会重新回到这种超然的冥想状态。随着冥想者越来越专注于察觉周围发生了什么，那些诸如工作中让人气恼的同事、家中让人担忧的小孩之类的日常烦恼就变得没那么让人头疼了，接着就会逐渐产生一种心理上的幸福感。

我们和当时还在威斯康星大学的希林·史雷特（Heleen Slagter）通过检测志愿者感知快速出现的视觉刺激的能力，来了解正念冥想对大脑功能的影响——正念冥想有时也被称为无反应知觉（nonreactive awareness）。为了开展这项实验，我们在屏幕上迅速放映了两个数字，志愿者必须在一连串字母中识别这两个数字。如果第二个数字出现在第一个数字 300 毫秒之后，第二个数字往往会被志愿者漏掉。这种现象被我们称为注意瞬脱（attentional blink）。

如果第二个数字比第一个数字晚出现 600 毫秒，那么志愿者就会轻而易举地看见该数字。注意瞬脱现象说明，大脑在短时间隔内感知两个连续出现的事物时，能力是有限的。当大脑大部分注意力都在集中处理第一个数字时，第二个数字难免会被遗漏。不过，在某些测试中，观察者常能看到第二个数字。我们猜测，通过正念冥想训练后，人们就不那么容易完全被第一个数字吸引。在正念冥想训练中，冥想者可以逐渐形成一种无反应式的感官知觉，减少注意瞬脱现象的出现。结果不出所料，经过为期三个月的高强度冥想训练后，冥想者看见两个数字的次数要高于对照组的志愿者。第一个数字出现时，冥想者特定脑电波的减弱，也反映了无反应式感官知觉的增强。P3b 脑电波的分析结果显示，冥想者可以更好地分配自己的注意力，从而把注意瞬脱现象的发生概率降到最低（对 P3b 脑电波的分析，通常用于评估人们的注意力是如何分配的）。

时刻留意不愉快的感觉，以减少不易适应的情绪反应，进而摆脱不良情绪，这种方法在我们面临痛苦时特别有效。在威斯康星大学的实验室，我们研究了正在做高层次正念冥想（又叫开放式冥想，open presence）的资深冥想者。开放式冥想有时被称为纯意识（pure awareness）。在开放式冥想过程中，大脑会处于平静放松的状态，不会特别关注眼前某一事物，但思维却很清晰和敏锐，既不会兴奋，反应也不会迟钝。这时，冥想者可以观察周围情况，也可以感受到疼痛，但他们不会去解释、改变、拒绝或忽视这种感觉。我们发现，疼痛感在冥想者身上并不会减轻，但对冥想者造成的困扰显然不像对照组中那么明显。

相对于初学者来说，在疼痛刺激出现之前，资深冥想者大脑中与焦虑有关的区域——岛叶皮层（insular cortex）和杏仁核（amygdala）的神经活动会减少。而且，经过几次刺激后，资深冥想者大脑中与疼痛相关的区域对刺激的适应速度也更快。我们实验室进行的其他实验显示，冥想训练可以提高人体对基本生理反应（比如应激激素水平和炎症反应）的掌控能力，帮助人们更好地完成具有一定压力的任务，比如考试、在公共场合演讲等。

有几项研究显示，正念冥想有利于缓解焦虑和抑郁症状，还能改善睡眠质量。通过仔细监测和观察自己在难过和担忧时的想法和情绪，抑郁症患者可以在负面想法和情绪自行萌发时，通过冥想对这些情绪进行管理，从而减少对痛苦的强迫性回想（rumination）。1980年，当时还在英国牛津大学任职的临床心理学家约翰·蒂斯代尔（John Teasdale）和加拿大多伦多大学（University of Toronto）的津德尔·西格尔（Zindel Segal）的研究表明，对于已经发作过至少3次抑郁症的患者来说，当再次发生严重抑郁症后的一年内，进行为期6个月的正念冥想训练并辅以认知疗法，可以将抑郁症复发的概率降低约40%。西格尔近来证实，冥想训练优于安慰剂，并且相对于那些标准的维护性抗抑郁疗法来说，冥想训练在一定程度上能防止抑郁症复发。

慈悲和仁爱冥想

现在，科学家也在研究第三种冥想方式，这种冥想可以从态度和感受上，增强我们对他人的关爱和同情，不管对方是亲属、陌生人还是敌人。这需要我们首先了解别人的需求，然后发自内心地去帮助别人，让他们减少伤害自己的行为，从而减轻他们的痛苦。

为了培养慈悲之心，冥想者有时可能需要体验别人的感受，但仅仅是与别人的情感产生共鸣还不足以生成一种慈悲的思维模式。这类冥想还需要一种无私的、想要帮助受苦之人的意愿来驱动。事实证明，这种有关关爱和慈悲的冥想不只是一种精神训练，它还可能让医护人员、教师和其他有情绪衰竭风险的人群受益——情绪衰竭与这些人群的日常经历有关，他们经常会对他人的遭遇产生深刻的移情反应（如分享别人的情感，对他人的处境感同身受，客观理解、分析他人情感的能力）。

冥想者首先要将注意力集中在对他人无条件的仁慈和关爱之情上，同时静静地重复可以传达自己意向的短语，比如"愿众生找到幸福和幸福之源，远离痛苦和痛苦之源"。2008 年，我们对冥想经验比较丰富的志愿者（已进行过数千个小时的慈悲和仁爱冥想）展开了研究。结果发现，志愿者在听到表达悲伤的声音时，他们大脑中几个区域的神经活动会增多——与感觉和移情反应有关的次级躯体感觉皮层（secondary somatosensory cortex）和岛叶皮层（insular cortex）的神经活动，要比对照组的活跃得多。这说明，冥想者对他人遭遇感同身受的能力有所提升，而且他们在情感上也没有对比表现出难以承受的迹象。慈悲冥想的练习也会增加颞顶连接区（temporoparietal junction）、内侧前额叶皮层、颞上沟（superior temporal sulcus）等大脑区域的神经活动，这些区域通常会在我们设身处地为他人着想时被激活。

最近，德国马普人类认知与脑科学研究所（Max Planck Institute for Human Cognitive and Brain Sciences）的塔妮娅·辛格（Tania Singer）和奥尔加·克利梅茨基（Olga Klimecki）与本文作者理查德·J. 戴维森合作，试图在冥想者身上找出移情和慈悲这两种情绪的不同之处。他们注意到，慈悲和无私的关爱与积极情绪有关，他们指出，情绪衰竭或倦怠实际上就是一种移情"疲劳"。

慈悲和仁爱冥想来源于佛教中的冥想传统，根据这一传统，慈悲远不会导致悲伤和沮丧，反而会强化心灵力量和内心平衡，以及决心帮助受难者的勇气。如果一个小孩住院了，身旁有位慈爱的母亲握着他的手，轻声细语地给予安慰，这对病童的帮助肯定会多于一位在走廊里来回踱步、无法面对自己患病的孩子的焦虑母亲——她因移情而产生了无法承受的悲痛，最后可能会感到情绪衰竭。据估计，美国 60% 的看护人都会遭遇这种困扰。

为了进一步探究移情和慈悲机制，克利梅茨基和辛格把大约 60 名志愿者分成了两个小组。第一组成员的冥想内容是关爱和慈悲，而第二组的则是接受训练，培养对他人的移情能力。初步结果显示，在第一组中，经过慈悲和仁爱冥想一周后，初学者看到视频短片中受难的人们时，会带有更多积极的、关爱的情感。而在仅仅培养移情能力的第二组，志愿者会对他人遭遇产生深深的共鸣，但这些情感同样会给他们带来负面情绪和想法，而且这个组的成员感觉更痛苦，有时甚至会达到无法自拔的地步。

改变大脑

来自几所大学的研究人员探究了冥想是否能给大脑组织带来结构性变化。通过磁共振成像（magnetic resonance imaging）技术，他们发现，相对于对照组而言，20个经验丰富的专注冥想者的前额叶皮层（布罗德曼9区和10区）和脑岛的体积都更大一些。这些区域负责处理注意力、感觉信息以及身体内部感觉。要证实这一发现，未来还需我们进行长期研究。

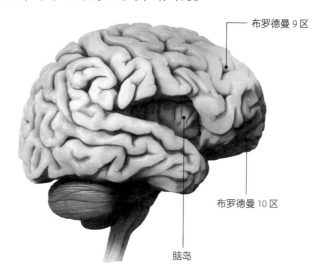

布罗德曼9区

布罗德曼10区

脑岛

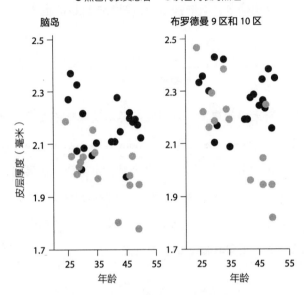

插图：大卫·C.克尔派克（David C. Killpack）

当发现第二组的情绪存在不稳定的情况后，西格尔和克利梅茨基为该组成员增加了一项训练——慈悲和仁爱冥想。随后，他们发现冥想训练消除了移情训练产生的负面影响，即志愿者的消极情绪减少了，积极情绪增加了。与此同时，几个与同情、积极情绪、母爱相关的大脑网络也发生了相应变化，这些区域包括眼窝前额皮层（orbitofrontal cortex）、腹侧纹状体（ventral striatum）、前扣带回皮层等。此外，研究人员还能证明，一个星期的慈悲冥想可以增强人们在一款虚拟游戏中的亲社会行为（prosocial behavior）。这款游戏是为检测志愿者的助人能力而专门开发的。

冥想带来的变化

冥想探索了心灵的本质，为我们提供了方法，让我们从冥想者的第一视角去研究意识和主观心理状态。我们和威斯康星大学的资深冥想者合作，用脑电图研究了他们在慈悲冥想期间的脑电活动。据冥想者描述，在这种冥想中，明确的自我概念变得不那么明确、稳固了。

我们发现，这些长期冥想的佛教人士可以随心所欲地维持一种特殊形式的脑电活动。确切地说，这种脑电活动叫高振幅 γ - 频段振荡（high-amplitude gamma-band oscillations）以及 25Hz 和 42Hz 间的相位同步（phase synchrony）。在学习和有意识的知觉过程中，大脑会临时形成一些神经网络，以便整合认知和情感功能，而在这个过程中，脑电波振荡的这种协调性可能起着关键作用，那些临时性的神经网络也可能给大脑的神经回路带来持久性的改变。

高振幅振荡贯穿了整个冥想过程，一开始只是几十秒钟，但随着冥想程度的深入，持续时间会逐渐变长——冥想者的脑电图模式和对照组成员的脑电图模式不同，尤其是外侧额顶叶皮层的脑电图。虽然我们还需要进一步研究以加深对 γ 振荡功能的理解，但这些脑电活动的变化可能反映了资深冥想者对周围环境和内在心理过程的察觉能力有所提升。

冥想带来的变化不仅体现在明确的认知和情感过程中，还体现在某些大脑区域的体积上。这或许反映了脑细胞间建立的连接数量有所改变。

哈佛大学的萨拉·拉扎尔（Sara Lazar）和同事开展的一项初步研究显示，冥想者大脑中的脑岛和前额叶皮层的深色部分（即灰质），在体积上与对照组成员有所不同，尤其是布罗德曼 9 区和 10 区，这些区域在各类冥想活动中经常被激活。而上述灰质体积的差异都是在年纪稍长的志愿者中发现的，这表明，冥想可能会影响大脑皮层厚度随年龄变薄的趋势。

拉扎尔和同事在接下来的一项研究中发现，经过训练后，在减压效果最明显的参与者的大脑中，负责处理恐惧情绪的杏仁核的体积会减小。

美国加利福尼亚大学洛杉矶分校的艾琳·卢德斯（Eilleen Luders）和同事则进一步观察了冥想者的轴突有何不同。轴突是神经元的分支，负责连接大脑中的其他神经元。观察结果表明，大脑内的神经连接数量有所增加。这或许可以在一定程度上证明，冥想会使大脑的内部结构发生变化。但此项研究的一个重大缺陷是，没有对一个群体进行多年的追踪观察，也没有比较冥想者和背景相似但没有冥想经历的同龄人之间的差异。

甚至还有证据表明，冥想及其提高人们整体身心健康的能力，可能会减少炎症和发生在分子层面的其他生物应激反应。美国加利福尼亚大学戴维斯分校的佩尔拉·卡里曼（Perla Kaliman）领导的团队，与我们团队展开了一项合作研究。我们的研究表明，资深冥想者进行一天的高强度正念冥想训练，可以降低与炎症相关的基因的活性，并改变可以促进或抑制基因表达的酶的功能。

加州大学戴维斯分校的克里夫·沙隆（Cliff Saron）也开展了一项研究，探讨冥想对一种可调节细胞寿命的分子的影响。这种分子被称为端粒酶（telomerase），可以延长染色体末端的 DNA 片段（即端粒，telomere）。端粒 DNA 可以保证细胞分裂期间遗传物质的稳定性。细胞每分裂一次，端粒 DNA 就会变短一些。当端粒缩短到临界长度时，细胞就会停止分裂，逐渐进入衰老阶段。与对照组相比，在冥想训练结束时，心理减压效果最明显的冥想者的端粒酶活性更高一些。这项研究表明，正念冥想训练或能减缓某些冥想者的细胞衰老进程。

未来更好的路

过去 15 年的研究表明，对于经验丰富的冥想者而言，冥想可以给大脑结构和功能带来显著变化。这些研究也逐渐证明，冥想可能给与身体健康相关的重要生物进程带来实实在在的影响。

我们还需要用更多设计完备的随机对照试验来进行研究，以将冥想产生的效果和影响研究结果的其他心理因素区分开来。可能会影响研究结果的变量包括冥想者的动机，以及老师和学生在冥想团队中扮演的角色。为了了解冥想可能会导致的负面效应、特定冥想训练期的理想时长，以及如何根据个人需求，制定个性化的冥想训练，我们还需要展开进一步的研究。

即便以谨慎的态度来看，冥想研究还让我们对精神训练有了新的认识。这些训练方法有可能提高人们的健康和幸福水平。同样重要的是，培养利他精神和其他优良的人类品质，有利于建立一个不与任何宗教或哲学思想挂钩的道德框架，这对人类社会的各个方面都会产生深远的积极影响。

寻找最佳大脑食谱

布雷特·什捷特卡（Bret Stetka）
魏书豪　译

卡洛琳（Carolyn）这些天感觉很好。她锻炼身体，在社交上很活跃，并尽可能多地陪伴她的四个孙子孙女。但并不是每个人都是如此。一位来自匹兹堡的 68 岁退休放射胶片管理员，她开始感到冷漠和被孤立。"我刚刚失去了母亲，我的两个儿子也搬走了，"75 岁的卡洛琳回忆道。她还与超重、糖尿病和慢性肺病做斗争。她很伤心，吃了令人担忧的垃圾食品，陷入了看起来很像抑郁症的境地。

几年后，一个朋友告诉卡洛琳一项匹兹堡大学的预防抑郁症研究。她立即报名了。所有 247 名参与者都和她一样，是有轻度抑郁症状的老年人。没有接受治疗的人有 20% 到 25% 的概率患上重度抑郁症。一半人接受了大约五个小时的问题解决疗法，这是一种旨在帮助患者应对紧张生活体验的认知行为方法。其余的人，包括卡洛琳，接受了饮食咨询。在一名社工的指导下，她发现自己喜欢鲑鱼、金枪鱼和许多其他"对大脑健康"的食物，这些食物很快取代了她正在吃的薯条、蛋糕和糖果。

当试验在 2014 年结束时，结果出人意料——至少对研究人员来说是这样的。饮食咨询并不意味着有任何实质性的影响；卡洛琳的小组是实验的对照组。然而，精神科医生查尔斯·雷诺兹（Charles Reynolds）和他的同事发现，这两种干预措施都显著降低了患抑郁症的风险——降低比例大致相同。当他们分析数据时，所有患者在疗程结束 15 个月后的贝克抑郁量表测试（一种常见的抑郁症状测量方法）中，得分平均降低 40% 到 50%。更重要的是，无论接受何种治疗，只有大约 8% 的人陷入重度抑郁症。

不能排除安慰剂效应对两组参与者症状改善的作用。与医疗保健专业人士会面并积极主动地自我改善，可能有助于参与者感到更加乐观。然而，在卡洛琳看来，在很大程度上，她通过改变饮食方式缓解了病情的恶化。

她并不是唯一一个建立这种联系的人。科学家和临床医生逐步意识到饮食与大脑健康之间的关键相互作用。证据是初步的，很难梳理出因果关系。也许吃得好的人也容易养成其他健康的大脑习惯，例如定期锻炼和良好的睡眠习惯。或者也许抑郁的人倾向于用奥利奥自我治疗。但数据还在不断积累。每年，某些食物与心理健康之间的相关性都在增加：鱼类和其他 omega-3 脂肪酸来源可能有助于抵御精神病和抑郁症；酸奶、泡菜和酸菜等发酵食品似乎可以缓解焦虑；绿茶和富含抗氧化剂的水果可能帮助远离痴呆症，等等。

可能没有一种单一的成分，也没有来自远方丛林的快乐种子，可以确保在老年时保持更好的心情或精神敏锐度。但经过数百万年的人类进化校准，似乎确实存在特定的饮食模式，可以提高我们的认知和心理健康。在营养精神病学的新兴领域中，人们正在就哪种类型的饮食是最好的达成共识。也许最令人兴奋的是，饮食干预可以作为药物和其他精神障碍疗法的有价值的辅助手段，就像它在许多其他医学领域一样。

健康食谱与垃圾食谱

在促进大脑健康方面，得到数据有力支持的饮食借鉴了意大利、希腊和西班牙的传统饮食模式。所谓的"地中海饮食"主要包括水果、蔬菜、坚果、全谷物、鱼、适量的瘦肉、橄榄油，也许还有一点红酒。最近，第一个测试"饮食处方"治疗抑郁症的随机对照临床试验发表在 BMC Medicine 上。"SMILES"试验报告称，与对照组相比，患有中度至重度抑郁症的患者在食用近似的"地中海饮食"12周后，蒙哥马利 - 埃斯伯格抑郁评定量表（MADRS）上体现的改善效果明显更大。2011年，大加纳利岛拉斯帕尔马斯大学的公共卫生专家阿尔蒙德纳·桑切斯 - 维列加斯（Almudena Sánchez-Villegas）及其同事在平均每人6年的时间里评估了12000多名健康西班牙人的这种饮食与抑郁症之间的关系。他们发现，与不吃地中海饮食的人相比，吃地中海饮食的人患抑郁症的可能性要小得多。对于最密切关注饮食的受试者，风险下降了30%。

桑切斯 - 维列加斯后来在另一项大型试验中证实了这种联系。PREDIMED（地中海饮食预防）研究是一项多中心研究项目，评估了西班牙近7500名男性和女性，最初研究了地中海饮食辅以额外的坚果，是否可以预防心血管疾病。确实是可以的。但在2013年，桑切斯 - 维列加斯和其他研究人员也分析了PREDIMED参与者的抑郁数据。同样，与吃普通低脂饮食的受试者相比，坚持富含坚果的地中海饮食的受试者患抑郁症的风险较低。糖尿病患者尤其如此，他们的患病风险也下降了40%。也许这些不能充分处理葡萄糖的病人受益最大，因为地中海饮食减少了他们的糖摄入量。

事实上，这种饮食的一个主要特点是低糖、加工食品和高脂肪肉类，这些在大多数西方菜单上都很常见。澳大利亚迪肯大学和墨尔本大学的营养精神病学研究员和"SMILES"试验的主要作者菲利斯·N. 杰卡（Felice N. Jacka），是第一批证明传统西方饮食与抑郁和焦虑之间存在联系的人之一。最近，她又发现了不良饮食和大脑萎缩之间的联系。2015 年 9 月，她和同事发现，食用西方饮食 4 年的老年人不仅患情绪障碍的概率更高，而且在核磁共振扫描中发现，左侧海马体也明显更小。海马体由我们太阳穴深处的两个海马状脑组织弧组成，对记忆的形成至关重要。杰卡之所以关注海马体，是因为动物研究也注意到了海马体与饮食有关的变化。

科学家们提出了许多可能的机制来解释这种损伤。杰卡的发现与其他研究相似，这些研究表明，高糖饮食会引发失控的炎症及一系列其他代谢变化，最终损害大脑功能。通常炎症是我们免疫系统对抗感染和促进愈合的武器库的一部分，但当它被误导或过度攻击时，也会破坏健康组织。根据大量研究，炎症在一系列脑部疾病中发挥了作用——从抑郁症和双相情感障碍到可能的自闭症、精神分裂症和阿尔茨海默病。2010 年和 2012 年的两项荟萃分析共同调查了 53 项研究的数据，并报告了抑郁症患者的几种炎症血液标志物水平的显著升高。许多研究报告称，在患有精神疾病（包括抑郁症和精神分裂症）的患者中，称为小胶质细胞的免疫细胞（在大脑的炎症反应中起关键作用）的活性增加或改变。目前尚不清楚炎症在某些情况下是否会导致精神疾病，反之亦然。但有证据表明，即使不是大多数已知的精神疾病风险因素，尤其是抑郁症，也会促进炎症。这些因素包括虐待、压力、悲伤和某些遗传偏好。

杰卡的工作反复指出，地中海、日本和斯堪的纳维亚等传统饮食都是倾向于无炎症的，对我们的神经和心理健康最有益。"毫无疑问，压力和不舒服的情绪会让我们伸手去拿饼干罐——所以不会无缘无故地称它们为舒适食品！"她承认。"但数据始终显示，健康大脑饮食的主要成分包括水果、蔬菜、豆类、坚果、鱼、瘦肉和健康脂肪（如橄榄油）。"

健康大脑的传统饮食

地中海饮食

研究不断发现，地中海沿岸文化的饮食模式是世界上最健康的。希腊、意大利、西班牙和中东菜肴中常见的配料与改善心血管、精神和神经功能有关。

橄榄油
富含 Omega-3 的鱼（沙丁鱼、金枪鱼、鲑鱼）
富含抗氧化剂的水果和蔬菜（西红柿、辣椒、茄子）
全谷物食品
豆类
适量的瘦肉和红酒
限制糖和加工食品的摄入

冲绳岛饮食

根据世界卫生组织的数据，日本人的预期寿命是世界上最高的——这在一定程度上要归功于冲绳岛。岛上居民的传统食物包括营养丰富的紫甘薯，通常用来代替米饭。事实上，与该国其他地区的人相比，冲绳人往往吃更少的鱼、肉、大米和糖，总热量也更少。

富含抗氧化剂的蔬菜（冲绳的紫甘薯）

海藻

一些鱼

一些肉

限制糖和白米饭的摄入

斯堪的纳维亚饮食

除了瑞典肉丸，斯堪的纳维亚人收集、培育并烹饪大量食物，这些食物共同构成了新的北欧饮食，是世界上最健康的饮食之一。它与减少炎症、降低心血管疾病和糖尿病的风险有关，这两种疾病都会影响大脑健康。特别值得注意的是，斯堪的纳维亚人倾向于用菜籽油烹饪，它含有比橄榄油更多的omega-3脂肪酸。

水果（越橘）

蔬菜（土豆）坚果／全谷物（黑麦面包很常见）

海产品

适量的肉类和奶制品

菜籽油

构建大脑的脂肪酸

越来越多的研究人员发现，这些更传统的饮食的意义，不仅仅是用好食物代替了坏食物。2015 年夏天，法国波尔多大学的神经科学家阿芒丁·佩尔蒂埃（Amandine Pelletier）、克里斯蒂娜·巴鲁尔（Christine Barul）、凯瑟琳·费亚尔（Catherine Féart）和他们的同事发现，地中海饮食实际上可能有助于保持大脑中的神经元连接。他们使用一种被称为"基于体素"的形态计量学的高敏感神经影像分析技术来识别大脑解剖结构随时间的细微变化。2015 年 9 月，拉什大学的营养流行病学家玛莎·C. 莫里斯（Martha C. Morris）和她的同事报告说，MIND 饮食——地中海饮食和高营养低盐的 DASH 饮食的混合体，可能有助于减缓认知能力下降，甚至可能有助于预防老年痴呆症。当他们在 960 名老年人中测试认知能力时，那些遵循 MIND 饮食大约 5 年的人获得的分数与比他们年轻 7.5 岁的人相当。

我们的进化背景故事可以解释这些神经保护作用。在 19.5 万到 12.5 万年前的某个时候，人类几乎要灭绝了。一个冰河时期已经开始，可能使地球的大部分地区结冰并荒芜了 7 万年。我们的古人类祖先的数量锐减到可能只有几百人，大多数专家都同意，今天活着的每个人都是这个群体的后裔。在反复出现的冰河时期，还不清楚他们或早期现代人类究竟是如何存活的。但随着陆地资源的枯竭，在非洲周围可靠的贝类床中觅食海洋生物很可能成为生存的必要条件。南非纳尔逊曼德拉城市大学的研究生简·德维尼克（Jan De Vynck）表明，一个在这些贝类床上觅食的人每小时可以收获惊人的4500卡路里热量。

考古记录证实了这一观点，并表明我们的祖先依赖大量贝类和冷水鱼为食物，这两种都是omega-3脂肪酸的丰富来源。这些食物的脂肪可能推动了我们独特复杂的大脑的进化，因为大脑中60%的成分是脂肪。特别是omega-3，二十二碳六烯酸或DHA，可以说是与大脑健康最密切相关的单一营养素。

1972年，供职于伦敦帝国理工学院的精神病学家迈克尔·A.克劳福德（Michael A.Crawford）在共同发表的一篇论文中得出结论，大脑依赖于DHA，而来自海洋的DHA对哺乳动物的大脑进化，尤其是人类大脑的进化至关重要。50多年来，他一直认为脑部疾病发病率的上升是二战后饮食变化的结果，尤其是转向陆源食物，以及后来人们接受低脂饮食。他认为海鲜中的omega-3对人类快速向更高认知的神经进军至关重要。

许多研究已经证实DHA对人脑的发育、结构和功能的重要性：它是神经元细胞膜的组成部分，能促进神经元间的交流，也被认为可以提高脑源性神经营养因子（一种支持脑细胞生长和存活的蛋白质）的水平。鉴于该物质和其他omega-3脂肪酸在塑造和维持我们最复杂的器官中所起的重要作用，直观的感觉是，正如营养数据所表明的那样，通过强调食用海鲜，将更多的脂肪酸加入我们的饮食中，可能可以保护大脑，避免失控。同样值得注意的是，DHA 似乎可以减少慢性损伤大脑的炎症。

除了脂肪酸，我们祖先的饮食、炎症和心理健康之间还有另一个重要的联系。随着我们的进化，数以万亿计的细菌、真菌和其他微生物在我们的身体中定居并构成了我们的大部分细胞。这种所谓的微生物群以及它们的集体基因，对我们的消化和免疫系统的形成和功能做出了重要贡献。越来越多的研究结果表明，不良的饮食习惯会损害大脑。

依靠陆地还是大海？

专家们争论，人类祖先如何找到足够的脂肪酸来构建更好的大脑。

Omega 脂肪酸，包括二十二碳六烯酸或 DHA，是大脑健康的关键，很可能助推了现代人类大脑的进化。但是早期人类是如何获得这些重要营养素的呢？答案有一些争论。

近二十多年来，亚利桑那州立大学人类起源研究所副所长、考古学家柯蒂斯·W. 莫雷纳（Curtis W. Marean）一直在监督南非南部海岸一个名为 Pinnacle Point 遗址的发掘工作，该遗址附近最近新发现了一种早期人类物种 Homo naledi 出土。他在那里的工作发现表明，在 19.5 万到 12.3 万年前的某个时候，在被称为海洋同位素 6 期（MIS6）的冰川时期，人类的饮食习惯发生了重大转变，从觅食陆地植物、动物和偶尔的内陆鱼类变为依靠该地区丰富、可预测的贝类。

莫雷纳认为，这种变化发生在早期人类学会利用双月春潮的时候。为此，我们的大脑已经进化得相当好了。"进入海洋食物链可能会对生育力、存活率和整体健康产生巨大影响，包括大脑健康。"莫雷纳解释说，部分原因是 omega-3 脂肪酸的高回报。但他推测，在 MIS6 之前，人类可能已经获得了大量有益大脑健康的陆地营养，包括捕食以食用富含 omega-3 的植物和谷物的动物。

其他人不同意，至少不同意部分观点。伦敦帝国理工学院的精神病学家克劳福德说："恐怕从稀树草原动物的脂肪中可以获得大量 DHA 的想法是不正确的。动物的大脑是 6 亿年前在海洋中进化而来的，依赖于 DHA 和对大脑至关重要的化合物，如碘，而碘在陆地上也很缺乏。要建造一个大脑，你需要海洋和岩石海岸丰富的物质材料。"

克劳福德早期的生物化学工作集中于表明 DHA 不容易从陆地动物的肌肉组织中获得。利用标记有放射性同位素的 DHA，他和他的同事们还证明了"现成的"DHA（如在贝类中发现的）会以比植物来源的 DHA 高 10 倍的效率整合到正在发育的大鼠大脑中。

克劳福德的同事和合作者，魁北克舍布鲁克大学的生理学家斯蒂芬·坎南（Stephen Cunnane）也认为，水生食物对人类进化至关重要。但他认为，在此之前的数百万年，内陆人类已经将湖泊和河流中的鱼类纳入他们的饮食中了。

他认为，不仅仅是 omega-3 脂肪酸，鱼类中发现的一系列营养物质（包括碘、铁、锌、铜和硒）也对我们的大脑有贡献。克劳福德说："我认为 DHA 对我们的进化和大脑健康非常重要，但我不认为它本身就是一颗神奇的子弹。"

这三位研究人员都相信，随着认知能力的不断提高，基因突变赋予了人类生存和繁衍的优势，高等智力在数百万年间逐渐进化。但是优势，比如说，弄清楚如何剥牡蛎以及跟踪春潮，打开了达尔文主义的闸门。坎南评论说："一旦我们能够进入非洲的沿海食物链，比内陆鱼类资源丰富并可靠得多，大脑和文化会爆炸式进化。"

对肠道的冲击

在 2014 年的一个引人注目的（虽然有点恶心）实验中，当时要求 23 岁的学生汤姆·斯佩克特（Tom Spector）通过到麦当劳就餐，就消灭了他肠道中大约三分之一的细菌物种。这个过程只用了 10 天。汤姆扮演豚鼠有两个原因：作为一个项目来完成他的遗传学学位，并为他的父亲提姆（Tim）提供数据。提姆是伦敦国王学院的遗传流行病学教授，研究加工饮食如何影响胃肠细菌。斯佩克特家族的研究没有评估具体的健康后果，他们只是测量了汤姆肠道内细菌多样性的下降。但汤姆确实报告说，在吃了几天汉堡、薯条和含糖苏打水后，他感到无精打采和情绪低落。物种的减少是如此剧烈，提姆把结果送到了三个实验室进行确认。

汤姆自己带来的这种饮食诱导的微生物群的变化可以迅速加剧肠道炎症。除了刚刚描述的不良影响，胃肠炎症还会耗尽我们的血清素（一种长期与抑郁症和其他精神疾病相关的神经递质）供应。当微生物与胃肠道内层细胞相互作用时，肠道中会产生我们人体大约90%的血清素（一些微生物甚至自己产生一部分血清素）。但是炎症的副产品会将血清素的代谢前体色氨酸转化为一种化合物，产生与抑郁症、精神分裂症和阿尔茨海默氏病有关的神经毒性代谢物。

好消息是，饮食变化不仅可以破坏我们的微生物多样性，还可以促进微生物多样性，以减少胃肠道炎症。2015年，匹兹堡大学的一个小组进行了一项研究，其中20名来自宾夕法尼亚州的非洲裔美国人与20名来自农村的南非黑人交换饮食。非洲人放弃了他们通常的低动物脂肪、高纤维饮食，改吃汉堡、薯条、土豆煎饼等。美国人不吃常见的高脂肪食物和精制碳水化合物，而是吃豆类、蔬菜和鱼。仅仅两周之后，美国人的结肠炎症减轻了，粪便样本显示产生丁酸盐的细菌种类增加了 250%。丁酸盐被认为可以降低患癌风险。另一方面，南非人经历了与癌症风险增加相关的微生物变化。

哈佛医学院的精神病学家埃米莉·迪安斯（Emily Deans）说："改变饮食是改变你体内的微生物群、控制炎症的最简单的方法。"她认为，在她自己的临床实践中，在管理精神疾病方面，饮食与药物和心理疗法一样重要。"我几乎和我所有的病人都讨论过营养问题，"她补充道，"我认为它真的有助于控制抑郁症等疾病，至少对一些人是如此。"迪安斯还认为，吃饭的时间会影响情绪。研究表明，有规律的饮食可以改善心理健康。

迪安斯承认，在我们完全理解大脑和饮食的关系之前，科学还有很长的路要走。她还对庞大的益生菌产业保持警惕，就像整个补充剂行业一样，这个产业已经超越了最低限度，宣称有越来越多的科学证据表明，益生菌可能对预防或治疗精神疾病有效。她解释说："你可以对某些维生素进行研究，有些可能有积极作用，有些可能有负面作用。""但事实是，维生素在食物中以各种不同的化学状态存在，在补充剂中只以其中一种状态存在。"食物和药片中的营养成分在形式上的差异解释了为什么数据倾向于通过饮食而不是补充来获得营养。"我认为我们可以有把握地说，某些饮食模式似乎提升了微生物群的健康，"迪安斯推测，"像地中海饮食和包括大量纤维、发酵食品和鱼类的饮食。"健康的微生物群可能对健康的大脑至关重要。

"精神食粮"

七年多来，卡洛琳的饮食有所改善——注重海鲜，减少糖分摄入。她体重减轻了，糖尿病也得到了控制。"这是全新生活方式的一部分，"她说，"我了解到我吃的东西会影响我的感觉。"这种意识正在患者和从业者中形成共识。2015年3月，一个由临床医生和研究人员组成的大型团队代表国际营养精神病学研究学会在《柳叶刀·精神病学》上发表了一份报告。作者引用许多精神药物产生的适度治疗效果，呼吁将基于营养的方法纳入精神卫生保健方案。他们写道，"新出现的令人信服的证据表明，营养是精神疾病高患病率和高发病率的关键因素，这表明饮食对精神病学的重要性不亚于对心脏病学、内分泌学和胃肠病学的重要性。"

多亏了我们的进化谱系（以及大量的鱼类），对饮食的关注至关重要，可能会扭转世界各地不断上升的精神疾病发病率、降低与各种形式痴呆症做斗争的人的比例，并避免轻微的精神症状和障碍。毫无疑问，正确的饮食可以帮助我们度过艰难时期，就像16万年前蜷缩在非洲海岸洞穴里的那一小群人类。

作为使用饮食来改善大脑健康的主要支持者之一，杰卡对介入研究感到鼓舞。在介入研究中，患者实际上被"规定"了特定的饮食，并随着时间的推移进行跟踪，就像他们在她自己的SMILES研究中所做的那样。这样的研究将能够为饮食与心理和认知健康之间的联系提供更明确的证据。

在经历了几十年令人失望的精神病学药物开发之后，越来越多的医生和患者开始将饮食干预视为希望的灯塔。太多患有精神疾病或痴呆的患者对现有药物反应不明显，甚至根本没有反应。例如，百忧解是选择性血清素再吸收抑制剂，是最常用的治疗抑郁症的处方药之一，但似乎只在严重的情况下有效；对于轻中度疾病，这些药通常并不比安慰剂好。随着科学家们对精神和认知障碍背后的病理机制了解的越来越多，新的有前途的治疗靶点肯定会出现。但很明显，基于营养的无副作用和低成本的治疗计划也将在未来的痴呆症和精神病治疗中占据重要地位。

脑力训练，只是一场骗局？

———

丹·赫尔利（Dan Hurley）
洪艺瑞　**译**

　　你听说过这样一则新闻吗？它称脑力训练是个彻头彻尾的骗局，其有效性被过分夸大，而实际上相关研究甚少；研究或者接受认知训练的人，完全是在浪费时间！

　　在 2016 年，这样的新闻几乎是铺天盖地。当时，美国最著名的脑力训练公司 Lumosity 因在广告中夸大宣传，而被美国联邦贸易委员会（Federal Trade Commission，FTC）处以 200 万美元的罚款。就在该事件发生的 15 个月前，70 多名神经学家发表联合声明，对当时新兴的脑力游戏行业的宣传广告表示抗议。"尽管很多人都说脑力游戏能够改善认知功能，但实际上，相关的科学证据寥寥无几。"西蒙·梅金（Simon Makin）在 2015 年 7

月发表的一篇文章中总结道，"让使用者觉得脑力训练有效并非难事，因为他们玩脑力游戏的次数越多，他们的表现自然就会越好。"

但脑力游戏真的一无是处吗？真的就像批评者所声称的那样，它们对提高认知能力毫无用处吗？不可否认，一些由杰出科学家领导的研究确实未能发现脑力训练对认知功能的影响，但所有新兴的学科都是在批评与争议中向前发展的——就在 2014 年反对脑力训练的联合声明发布不久后，120 多名其他科学家引用了 132 篇已发表的研究作为回应，他们认为脑力训练的确有效。

没有任何人说脑力游戏可以将一个普通智商的人训练为莎士比亚或者爱因斯坦，但是有许多科学研究表明，依赖计算机的脑力训练可以提高部分人群的认知能力。其中值得注意的是，它不仅能够将老年人出现车祸的风险减少一半，还能减缓精神分裂症患者基本认知能力丧失的进程，并且能够提高患有注意力缺陷或者处于癌症康复期的儿童的工作记忆（working memory）能力。因此，在媒体大肆宣扬脑力训练无效时，世界上顶尖医疗机构的科学家正在紧锣密鼓地开展针对上述人群的最大规模的脑力训练。在美国国立卫生研究院的资金支持下，美国海军研究实验室和其他著名的基金组织已经在医学期刊上发表了数百项随机对照试验结果，并且均已通过同行评议。

但这些研究人员也担心，脑力训练批评者的这些言论可能会阻碍该学科的发展，并且导致他们的研究成果与 Lumosity 开发的脑力游戏一起被全盘否定。"对于一些孩子而言，目前并没有除脑力训练之外的其他方法来改善他们的认知能力，因此作为一个脑力训练的提倡者和研究者，这些对脑力训练的攻击言论让我感到非常沮丧。"心理学家克里斯蒂娜·K. 哈迪（Kristina K. Hardy）表示，她在美国华盛顿附近的美国儿童卫生系统（Children's National Health System，与所有脑力训练公司都没有利益关系）工作，负责对处在癌症康复期的儿童进行治疗。她表示："脑力训练非常有潜力，我们没有理由不相信它会取得成功。"

衰老，干预与独立

首先我们必须要承认，没有证据表明认知训练可以预防阿尔茨海默病或者减缓阿尔茨海默病的发展进程。即使是轻度认知损害（阿尔茨海默病的前期症状），认知训练的效果也并不明晰。但在 2016 年一次医学会议上展示的一项研究，如果能够顺利地通过同行评议并发表在科学期刊上，那么它有可能彻底改变这一局面。

值得一提的是，许多证据表明，体育锻炼特别是抗阻训练能够改善老年人的大脑功能和其他身体机能。2015 年，来自芬兰的研究人员在《柳叶刀》上发表了一项随机对照试验结果，他们发现如果一个人能在坚持体育锻炼的同时，保持健康饮食、进行适当的社交、使用脑力游戏，那么其认知功能往往能保持在极高的水平。但科学研究表明，即使只采用最简单的干预措施，例如用电脑进行 10 小时的认知训练，也能改善认知功能。

这项令人震惊的研究发表于 2014 年，来自约翰·霍普金斯大学的研究人员从美国的 6 座城市中征集了 2832 名平均年龄为 73 岁的志愿者，并将他们随机分为 4 组，其中 1 组作为无接触对照组，另外 3 组分别接受针对记忆力、反应速度和推理能力的认知训练，并通过逐步增加训练的难度来提高认知能力。志愿者们共完成了 10 次 1 小时的训练，部分志愿者还接受了 4 次额外的提高训练。

结果表明，进行记忆力训练的志愿者的认知水平并没有明显提高；但是接受反应速度和推理能力训练的志愿者却从中获益颇多——即使是在接受训练长达 10 年后，他们的认知能力也仍然比未经训练的人要高出一些。在 2016 年夏天举行的阿尔茨海默病协会年度会议上，研究人员展示的初步结果表明，在试验 10 年后，接受提高训练的人罹患痴呆的风险比未经训练的人最多可降低 48%。如果这一结果在同行评议的期刊上成功发表，那么这将可能结束目前认知训练领域正面临的窘境。

这项被称为"活跃"（ACTIVE，Advanced Cognitive Training for Independent and Vital Elderly）的研究发现，在依赖计算机的认知训练中，最有效的是针对反应速度的训练，特别是挑战人类的"有效视野"（useful field of view，UFOV）的游戏。在此类游戏中，电脑屏幕的中央会随机出现两个相似图形中的任意一个，同时一个完全不同的图形会出现在屏幕的边缘。这两个图形会在屏幕上一闪而过，而玩家需要在图形消失后，正确说出出现在屏幕中央的是两个相似图形中的哪一个，并且说出另一个位于屏幕边缘的图形的具体位置。尽管这类游戏开始时十分简单，但随着图形在屏幕上停留的时间越来越短，游戏的难度也不断增大。但是，大多数人在经过数天或者数周的训练后，都能在高难度的游戏中取得更好的成绩。

这种训练方法最早于20世纪70年代由心理学家卡琳·鲍尔（Karlene Ball，目前任职于亚拉巴马大学伯明翰分校）提出。在2010年的一项涉及908名老年司机的研究中，鲍尔和他的同事发现，接受10小时训练能够将志愿者发生车祸的概率降低50%，并且这种效果最久可以持续6年；同时，研究结果还表明，认知训练可以让司机在面对突然出现的障碍物时，反应时间减少0.4秒。"这个差异足以让司机避开障碍物。"艾奥瓦大学的老年学专家弗雷德·沃林斯基（Fred Wolinsky，鲍尔提出的UFOV游戏的相关研究的合作者之一）表示。

这个结果吸引了美国汽车协会（American Automobile Association）和一些汽车保险公司，他们以免费或者优惠的价格向客户提供认知训练服务。"我已经研究认知训练40年了，"鲍尔表示，"让我感到惊讶的首先是它对我们认知能力的提升效果竟然如此显著，而且这种效果持续的时间竟然如此之长。"在另一项独立的研究中，鲍尔发现接受同样的 10 小时 UFOV 训练的志愿者，5 年后出现抑郁症状的概率要比未接受训练的人低30%。

2018 年，鲍尔将 UFOV 游戏授权给 Posit Science 公司。该公司的共同创始人之一是曾在加州大学旧金山分校任职的神经科学家迈克尔·默策尼希（Michael Merzenich）。用户可以登录 www.drivesharp.com 网站来开始游戏。

但 UFOV 游戏并不是唯一一种能够维持或者提高老年人认知能力的训练。2015 年 11 月，伦敦国王学院的科学家们分析了一项涉及 2912 名 60 岁以上的志愿者、长达 6 个月的线上实验的结果。他们发现相较于对照组而言，接受推理能力训练或者常规认知训练的志愿者在推理任务（与训练中进行的任务不同）中有更好的表现。同时，志愿者还反馈道，他们在日常生活中的认知表现也有所提升。更加有趣的是，认知训练存在剂量效应——人们进行的认知训练越多，他们认知能力的提升效果也就越好。

工作记忆训练

另一个备受关注的领域，则是将电脑端的认知游戏用于患有注意力缺陷的儿童和成人的治疗。这类游戏主要训练我们的工作记忆，也就是大脑同时处理多项任务的能力，例如边嚼口香糖边走路。当你读完一段文字时，你需要工作记忆来帮助你回忆这段文字段首的内容，你也需要工作记忆来帮助你进行心算。总的说来，工作记忆对学习、推理和理解能力都至关重要。

长期以来，学界普遍认为个人的工作记忆能力是无法被重塑的。但在 2002 年，由瑞典皇家卡罗琳学院的认知神经学家托克尔·克林贝里（Torkcl Klingberg）领导的一项小规模研究却表明，工作记忆能力可以通过训练得到提高。参与这项研究的儿童志愿者需要完成 4 个任务来增强记忆能力，例如听一串数字或者字母，然后尝试以倒序的形式将听到的信息复述出来。在 10.5 个小时的训练中，任务的难度不断增加。最终结果表明，这些患有注意缺陷多动障碍的儿童（attention-deficit / hyperactivity disorder，ADHD）在接受训练后，工作记忆能力确有提升。

自此之后，超过 200 多项关于工作记忆训练的研究被陆续发表在科学期刊上。其中既有关于儿童的，也有关于成人的；而且不仅仅局限于 ADHD 患者，还有对健康人群以及患有其他疾病的人群的研究。但并不是所有研究都表明训练是有用的。在 2013 年发表的一项荟萃分析（meta-analysis）中，作者这样总结道："我们的研究结果不仅对工作记忆训练的临床意义提出了质疑，同时也显示工作记忆训练作为提高处于发育期的儿童以及健康成人的认知功能的工具，其效果还有待验证。"

但发表于 2015 年的一项荟萃分析却得出了截然不同的结论。来自荷兰的研究团队获得了可靠的证据来证明：工作记忆训练可以帮助具有学习障碍的儿童和青少年提高工作记忆能力。另一项同样发表于 2015 年的荟萃分析得出了相似的结论，研究人员分析了已发表的 12 项涉及患有 ADHD 或者其他工作记忆损伤的儿童和成年人的研究，结果发现认知训练"对注意力缺陷有持久的改善效果"。

克林贝里的工作记忆训练游戏可以通过皮尔逊教育公司（总部位于伦敦的一家专注于教育和测试的公司）旗下的 Cogmed 程序获取，并在心理学家和其他专业治疗师的指导下进行。整个训练项目的花费会因治疗师的不同而有所变化，但大多数情况下，费用为 1500~2000 美元。克林贝里（目前与皮尔逊公司没有利益关系）表示，尽管工作记忆训练对多动和冲动这两种症状效果甚微，但有确切证据表明，工作记忆训练能够将注意力缺陷的症状减轻 1/3 个标准差。"这已经很不错了，"克林贝里评价道，"期望这种训练能够立即大大减轻注意力缺陷的症状，有点不切实际。"

皮尔逊公司表示他们并不打算向美国食品药品监督管理局（Food and Drug Administration，FDA）申请将认知训练用作 ADHD 的治疗方案。但是 Posit Science 公司和总部位于美国波士顿的 Akili Interactive Labs 都表示他们正在朝这个方向努力。Akili

公司的游戏主要基于加州大学旧金山分校的神经科学家亚当·加扎雷（Adam Gazzaley）的研究。2015 年 10 月发表于《美国儿童与青少年精神医学会杂志》的一项涉及 80 名患有 ADHD 的儿童的初步研究表明，Akili 的游戏不仅十分安全，而且在提高注意力、改善工作记忆和控制冲动情绪方面具有积极作用。

癌症与认知

很多女性表示在接受针对乳腺癌的化疗后，她们的认知能力会下降，具体表现为思考力和记忆力的明显下滑。2015 年 10 月，美国西北大学范伯格医学院的研究团队发表了一项荟萃分析，其结果显示相比于之前测试过的药物治疗和体育锻炼等方法，"在化疗之后接受认知疗法……是最有潜力的。"这些疗程中采用的训练方法与 Cogmed 和 Posit Science 提供的训练相同，旨在提高患者的言语记忆力、注意力和反应速度。

另一些随机试验则表明，Cogmed 的认知训练对童年时期曾患癌症的人来说格外有效。其中规模最大的一项试验由来自圣犹大儿童研究医院的神经心理学家希瑟·康克林（Heather Conklin，与 Cogmed 并无利益关系）领导。研究共涉及 68 名童年时期曾患有急性淋巴细胞白血病或者脑瘤的志愿者，他们在接受癌症治疗后都出现了认知缺陷。研究人员将这些平均年龄为 11 岁的志愿者随机分成两组，其中一组在家中进行 25 次

Cogmed 训练，并且每周接受专家的培训；另一组则在第一组训练结束后再开始训练。研究结果显示，相较于第二组中尚未接受训练的训练者，第一组中的儿童在许多认知测试中的成绩都要高出许多。

并且，研究人员通过磁共振成像技术记录下了接受训练前后，这些儿童调动工作记忆时大脑血流的差异。结果表明，在训练结束后，他们在解决工作记忆相关问题时，大脑额叶所需要的血流量有所降低，这或许是因为大脑解决此类问题的效率有所提升。"有些孩子在患癌症并且接受治疗前，发育其实是相对正常的，但癌症和癌症治疗改变了他们大脑的发育轨迹。"哈迪表示，她是上述儿童癌症相关研究的合作者之一。

哈迪说，在曾患白血病的儿童中，20%~40% 经历过长期的认知能力的改变；而在曾接受过放射治疗的儿童中，这一比例升高到了 80%~100%。"工作记忆是他们经历的认知改变中的关键指标之一，"哈迪表示，"它在癌症初期就受到了影响，并且随着时间推移，会造成儿童智商下降，并影响他们的学术思维能力。这是为什么我们对 Cogmed 感到如此兴奋的原因之一。Cogmed 所针对的神经认知领域正好是这些儿童所最需要的。"目前，哈迪正与其他研究者合作，共同开展两项随机试验，希望能避免儿童癌症患者出现认知衰退，而不是在认知衰退发生后再去纠正。

社交训练和精神分裂症

幻觉和妄想或许是精神分裂症最明显的两个症状，但实际上，精神分裂症病人往往还伴有严重的认知功能障碍，而抗精神病药物对此作用甚微。由明尼苏达大学的精神科医生索菲娅·维诺格拉多夫（Sophia Vinogradov）领导的前沿研究表明，电脑端的认知训练可以大大改善精神分裂症患者的认知功能。

在与 Posit Science 的合作下，维诺格拉多夫和他的同事已经发表了超过 24 项随机试验结果，它们表明患者在接受认知训练后，其言语记忆力、学习能力和其他常规的认知功能均有明显改善。其中大多数研究都包含了听觉训练，这听起来似乎更适合那些患有听觉障碍的人，而不是精神分裂症患者。其中一种训练会播放一段音调逐渐升高或者降低的音频。当音频时间较长时，你很容易区分音调的走向；但是当音频时间越来越短，例如当其仅仅只有 12 毫秒时，你几乎不可能区分出音调是升高还是降低。同时音频中还会有一些无意义的背景旋律，这让训练的难度大大增加。

维诺格拉多夫设置此类听觉训练的原因是，精神分裂症患者在感知处理方面存在一些基本缺陷，科学家相信这些缺陷正是精神分裂症患者存在高阶思维功能障碍的原因之一。维诺格拉多夫的研究表明这类训练不仅对患有精神分裂症的成年患者有效，并且对新发患者以及处于高风险的青少年也有效。"可以肯定的是，通过这些训练，患者的认知能力有所改善。特别是接受听觉训练的患者，我们可以看到他们在言语认知任务中进步显著，"心理学家梅利莎·费希尔（Melissa Fisher）表示，她曾是维诺格拉多夫的合作者之一，如今在明尼苏达工作，同时她也是 Posit Science 的顾问之一，"我们目前还没有确切的证据表明这种训练的效果究竟有多好。但毫无疑问的是，它拥有巨大的潜力。"

另一个潜力巨大、并且让人更加吃惊的领域则是电脑端的社交训练对精神分裂症患者的作用。精神分裂症患者往往具有较差的人际关系，但维诺格拉多夫和费希尔在 2013 年进行的一项研究表明，让患者同时接受听觉训练和电脑端的社交训练，可以显著提高他们在社交测试中的表现。

2014 年，他们和心理学家莫尔·内厄姆（Mor Nahum，Posit Science 公司的研究与开发主管）合作，借助一款用于加强社交认知功能的软件 SocialVille，进一步研究认知训练对改善精神分裂症患者社交能力的作用。"其中一项训练会向志愿者展示一张人脸照片，志愿者需要辨认照片上的人的表情，并将其与之后出现的相同的表情匹配，"内厄姆解释道，"一个健康成年人可能只需要 15 毫秒就能记住一个表情，并在之后辨认出来，但精神分裂症患者需要的时间要长得多，这两者甚至不在同一个数量级。这个差异让人十分震惊，所以他们需要接受训练来改善这一情况。"在接受线上训练 24 小时后，精神分裂症患者不仅在 SocialVille 中的表现显著提高，而且在针对社交认知、社交功能和社交动机的标准心理学测试中，也表现得更好。

目前，内厄姆正与维诺格拉多夫、费希尔以及其他研究者合作，利用 SocialVille 开展一项新的随机试验。研究共涉及 128 名精神分裂症患者，他们希望用这项研究的结果，向 FDA 提出申请，将 SocialVille 用于治疗精神分裂症患者的社交缺陷。如果他们最终成功了，那这将成为电脑端的认知训练领域的一个里程碑。"我们的目标是让这个方法走出实验室，被应用到医学实践中。"费希尔表示。

积跬步，以至千里

费希尔等研究人员认为，Lumosity 公司遭遇的罚款事件，虽然给认知训练领域蒙上了一层阴霾，但塞翁失马，焉知非福。"短期来看，"费希尔表示，"确实有研究人员担忧，是否所有的认知训练都会被大众认为是骗局。但我认为长期来看，这件事对这个领域来说，其实是件好事。Lumosity 确实没有能够支撑他们项目的科学依据，但是我们以及其他很多认知训练研究者，都能提供强有力的证据。"

与此同时，科学家们也在探索认知训练惠及其他人群的可能性。例如，研究者正在尝试用 SocialVille 程序来帮助自闭症人群提高人际交往能力。也有一些研究表明电脑端的认知训练可以改善帕金森病患者的精神状态。一项涉及 21 名患有唐氏综合征的儿童的小型研究发现，Cogmed 可以增强他们的短期记忆。另一项发表于 2015 年 11 月的研究则表明，Cogmed 可以提高患有癫痫的儿童的工作记忆能力。除此之外，发表于 2015 年 2 月的一篇文章还表明，此类训练对出生时体重过轻的学龄前儿童具有长期的积极作用。但这些研究结果仍待更多大规模的试验来验证。

如果这些支持证据能继续累积的话，下一步研究人员应该思考的，或许就是如何降低这些认知训练的价格。"一套认知训练目前的价格为 1500~2000 美元，对绝大多数人而言，这实在是太昂贵了，"哈迪表示，"而且认知训练目前已经有了足够多的科学依据，在科学性上，它跟其他医疗保险覆盖的、以药物为主的治疗方法没有差异。FDA 同样也没有批准将兴奋剂用于儿童癌症幸存者的康复治疗上，但大多数针对这些儿童的保险却都将兴奋剂纳入保险范围内，并且这种疗法一直在被使用。"

如果把目光放得更远，那么下一步思考的就是如何提高拥有平均或者更高智商的人的智力，这也是认知训练领域的巅峰。一些研究智商的学者断言，这是一项不可能完成的任务。但这些言论却未能阻止美国情报总监办公室（Office of the

Director of National Intelligence）赞助相关研究。在美国情报高级研究计划（Intelligence Advanced Research Projects Activity）的指导下，一项名为"增强人类适应性推理和解决问题能力"（Strengthening Human Adaptive Reasoning and Problem-Solving，SHARP）的项目不仅资助了电脑端的认知训练相关的研究，还资助了用体育锻炼、正念冥想和轻微电刺激来提高认知功能的其他研究。

在不久的将来，SHARP 项目的成果或许就会被发表在科学期刊上。"我不想抢了这些研究团队的风头，而且也不是每个研究都获得了正面的结果，"SHARP 项目负责人、神经学家亚历克西丝·让诺特（Alexis Jeannotte）表示，"但是我们确实看到在一些研究中，认知训练成功提高了志愿者的智商，虽然前后差异的绝对数值较小，但是仍然是非常显著的提升。并且我们认为这并非偶然，而是有强有力的科学证据支撑。这些研究团队已经对多个地点的数百名志愿者开展了测试。"

让诺特所说的"小而显著"这个词十分关键。在人类认知及智力领域，没有捷径可言，也不存在所谓的"无限"的脑力增强剂。我们应该对任何许诺上述效果的人或团队保持警惕，特别是那些旨在盈利的人。但同时，目前已经有足够的证据向那些怀疑论者证明，逐步提升认知功能是可以做到的。

毕竟，我们的大脑可以被长期坚持的学习和实践所重塑，就像创伤或虐待等负面事件也会影响我们的认知能力一样。可塑性正是人类大脑的特征属性。关于认知训练和大脑游戏的新研究，特别是那些针对弱势人群的研究，也说明了这一点。因此，如果马克·吐温（Mark Twain）仍在世，他或许会像评价自己的死亡消息一样评价脑力训练："关于脑力训练死亡的报道，完全是夸大其词。"

挑战阿尔茨海默病——大脑标本正在提供新的认识

大卫 A. 班尼特（David A . Bennett）

刘睿超　译

中学时起我就十分热爱考古学，并且（直到现在）很多个假期我都会带着妻子和孩子环游世界，参观古代遗迹——从美国西南部的阿纳萨齐人洞穴遗址到"失落之城"马丘比丘，从佩特拉古城（世界新七大奇迹）到耸立在复活节岛上的摩艾巨石像。一路走来，不知在什么时候我对考古学的兴趣已经被医学院和成为一名神经科住院医师取而代之。不过，即便是现在，我有时也会想象自己是一名大脑考古学家——精心地挑选这些保存下来的标本进行整理编册，并试图将我的研究发现与他们每个人各自独有的过往经历联系起来。有足够机会沉溺于这种白日梦让我感到十分幸运。在芝加哥，我担任主任的拉什阿尔茨海默病中心有大约

100 名科学家正在寻找治疗和预防常见的一系列神经退行性疾病的方法。在过去的 25 年，我领导了两项纵向调查——宗教团体研究和拉什记忆与衰老项目——从美国各地共招募了超过 3350 名老年人参加。这些纳入研究的志愿者年龄分布在 50 多岁至 100 多岁，他们没有痴呆症状并愿意每年都接受数小时的检测。我们将会对他们进行全面的身体检查、详细的访谈、认知测试和抽血化验，有时还会进行大脑成像。最重要的是，他们在死后都会将自己的大脑捐献给我们的研究。这些志愿者捐献的大脑保存在研究中心的各种橱柜和两个"冷冻农场"中，温度保持在 -80℃，并有备份和报警系统保护，共占地约 4000 平方英尺。

迄今为止，我们已完成了数万例临床评估和 1400 多例尸体（大脑）解剖，形成了一套前所未有的数据库，并将其与世界各地的研究人员共享。就像神经退行性疾病领域的考古学家一样，我们对这些"遗迹"（人类大脑标本）进行仔细研究，将风险因素、生活方式与认知功能和疾病的蛛丝马迹联系起来，希望能理解为什么有的人能在百岁之后仍然保持着头脑敏捷，而有的人在 60 多岁时就会变成了失能老人。这是一项十分耗时的工作，是对延迟满足的终极考验。可能你会认为，我们在（死后的）大脑样本中发现的实际损伤越多，它的主人在生前就会经历更多的认知挑战（或：有更差的认知功能）。这个猜想在大多数人中是正确的，但并不总是如此。有时在具有相似脑损伤程度的两个人中，只会有一个人的认知功能受到影响。

事实上，老年人大脑保持完全健康的情况非常罕见。我们解剖的每个大脑都可以发现一些与阿尔茨海默病密切相关的杀伤神经元的缠结，而阿尔茨海默病是当前痴呆症最常见的病因。大约一半的样本可以发现生前脑卒中发作留下的大小不一的病灶。而在近五分之一样本中可以观察到路易小体，一种可以作为帕金森病和路易体痴呆病理标志的异常蛋白质团块。但是，当我们将这些实验室发现追溯到每个人生前的记录时，通过比对记忆、处理速度等测试的结果发现，只有大约一半出现了认知功能改变。换句话说：一个人死后大脑中的病理变化只能部分地告诉我们，大脑在这个人死亡前的几年中的功能如何。

当然，最大的问题是，为什么有些人会出现阿尔茨海默病的痴呆症状，而其他人不会？遗传因素在一定程度上参与其中，这些患者十分不幸运地携带有阿尔茨海默病相关的高危基因。但是，研究者们也发现了不少生活方式同样是影响老年人大脑健康状态的关键因素。比如说健康的饮食方式可能有助于减缓有毒物质在脑中的积累，而这些有害物质可能会削弱记忆和批判性思维的能力。例如，拉什阿尔茨海默病中心的流行病学家玛莎·克莱尔·莫里斯（Martha Clare Morris）发现，富含浆果、蔬菜、全谷物和坚果的"MIND"饮食（有译为超体饮食，或者健脑饮食法）可以显著降低罹患阿尔茨海默病的风险，并且她正在进行关于这种饮食方法的临床试验。

其他的生活选择似乎实际上增强了大脑应对疾病的能力，有助于对受损的大脑进行修复。特别是我们发现，这些志愿者在一生中参与的锻炼、社交和益智类的活动越多，在晚年时他们则会更不容易患上痴呆。

我们正开始了解这种"抵抗力"到底是从哪里来的，有望让我们在更广泛的人群中预防阿尔茨海默病，或者至少延迟它的发作，直到去世前也不会发病。从人类诞生到大约半个世纪前，死亡通常是最先到来的，大多数人的寿命不足以使其担心神经退行性疾病的发生。然而，随着寿命的延长，阿尔茨海默病在人群中变得越来越普遍，65 岁以上的美国人中有超过 500 万名患者，大约占到九分之一，预计到 2050 年，患病率将增加至现在的三倍。幸运的是，我们的研究结论也许能够避免或至少减缓这场迫在眉睫的危机。事实上，从孩童时期到晚年，任何时期我们都可以做一些事情来延缓衰老，降低大脑患病的易感性。

玛吉是如何保持头脑敏锐的？

我第一次见到玛乔里·梅森·赫弗南（Marjorie Mason Heffernan，以下简称为"玛吉"）是在 2003 年 1 月，当时我开始在伊利诺伊州拉格兰奇公园的一个退休社区招募记忆与衰老项目的被试者。

玛吉的朋友和家人都知道她加入了我们的研究，大概在一个月后她来参加基准评估。在3月的第一周，我坐下来和她一起回顾测试结果。79岁高龄的她完成得很好，在简明精神状态检查量表（MMSE）——这个最广泛使用的认知能力测试中，她获得了满分30分。事实上，她在几乎所有的21项认知测试中表现得都非常好。

在七年的研究时间里，玛吉被证明是一个精力充沛的研究参与者。她参加了一些我们的子课题——包括大脑成像和决策与行为经济学的研究。我们对她的认知功能进行了8次评估，在MMSE测验中，除了在80岁时接近满分和84岁时只得到28分以外，她几乎每次都获得了满分30分。2010年底，玛吉在儿子和两个侄女的陪伴下，安详地在家中去世，享年87岁。

和所有被试者一样，玛吉慷慨地将她的大脑捐献给了我们的研究。解剖后，她的大脑重量为1246克，与女性大脑重量的平均数值相当。她患有广泛的轻度脑组织丢失，这是阿尔茨海默病和其他神经退行性疾病的典型表现，但也可以出现在健康老年人的大脑中。在显微镜下，她的大脑有相当数量的β-淀粉样斑块和神经原纤维缠结，符合阿尔茨海默病的病理诊断标准。没有发现梗死灶（代表可能发生过脑卒中）或者路易小体（帕金森病和路易体痴呆的标志）。换言之，这些解剖学发现与中度阿尔茨海默病患者的病理特征相一致，这提出了一个问题：为什么玛吉没有表现出痴呆的症状，反而拥有这么好的认知能力？

我们从她的生活中似乎找到了答案，从中能提炼出可以增强认知储备和遏制痴呆的许多因素。一方面，她受过良好的教育，曾经在学校度过了 22 年——这对于一位出生于 1923 年的女性来说十分少见。玛吉的妹妹贝蒂·鲍曼（Betty Borman）在她去世后也加入了我们的研究，后来贝蒂告诉我们，她和玛吉都是在 20 世纪 40 年代从芝加哥师范学院毕业的。

从我们收集的数据中，我知道玛吉在学习和社交活动中都很活跃。贝蒂后来描述她姐姐是一个"贪婪"的读者，一天就能读完一本书。她还告诉我玛吉创办了一个读书俱乐部，她和她已故的丈夫在当地一家戏剧公司工作。尽管经历过许多逆境，两个丈夫和三个儿子中的两个都在她之前离开了人世，玛吉仍然对生活保持着积极的态度。

对玛吉的性格和健康状况的测试支持了贝蒂的描述。她在"生活目标"和责任感方面得分较高，而在神经质、焦虑、抑郁症状和避免伤害方面得分较低，这一特点包括害羞、过度担忧和悲观。尽管背部不适，但玛吉并不是一个喜欢宅在家里的人，调查显示她在"生活空间"（衡量一个人活动范围的指标）中得分最高。

将玛吉与另一位女性被试者玛丽（化名）进行对比可以得到一些重要的发现。与玛吉一样，玛丽也是在 79 岁加入研究，在 87 岁去世前完成了 8 次年度的临床评估。在纳入研究时，玛丽的基准 MMSE 评分是 28 分，但在最后一次评估时下降到了原来的一半。她在 81 岁时被诊断为轻度认知障碍，84 岁时被诊断为痴呆，85 岁时被确诊为阿尔茨海默病。

玛丽的大脑重 1088 克，与玛吉的大脑相比轻了不少。与玛吉的大脑不同，她的大脑中有三个小梗死灶，尽管在她生前并没有脑卒中的患病史。像玛吉一样，玛丽也有轻微的大脑组织丢失和足以诊断为阿尔茨海默病的病理损害。而她实际上比玛吉有着更少的 β-淀粉样斑块和缠结。

尽管与玛吉相比，玛丽脑中的病理改变程度更轻，但她却表现出更重的临床症状，患有进行性记忆力减退，逐渐发展至生活无法自理直至去世。确实，玛丽脑内有几个小梗死灶，在血管中也发现了一些 β-淀粉样蛋白的沉积，可能还有一些遗传因素的影响，让玛丽更容易罹患阿尔茨海默病。但进一步，我们在她的生活轨迹中发现了她患病的新线索：玛丽只上完了高中，比玛吉少受了 10 年的教育；并且恰好与玛吉相反，她在认知活动、生活目标和生活空间的评分都比较低，而在避免伤害、焦虑、神经质和抑郁症状方面的得分很高。

迄今为止，所有旨在开发预防阿尔茨海默病的治疗方法的努力都宣告失败。但对这两位女性的经历和认知功能进行比较，可以突显出生活习惯对于阿尔茨海默病的潜在保护作用——从早期的受教育情况到晚年的社会参与。玛吉和玛丽脑中的病理损害程度相似，但在生命的最后几年，她们的大脑功能处于完全不同的水平。

大卫 A. 班尼特

研究的开端

阿尔茨海默病并不总是一个如此紧迫的问题。我的祖母出生于 1906 年 10 月，当时由于卫生条件有限，人们有更多的理由担心传染病，而不是与年龄（或衰老）有关的疾病。在她出生一个月后，神经病理学家爱罗斯·阿尔茨海默（Alois Alzheimer）在学术会议上报道了一种新发现的痴呆病例，但同事们对此无动于衷，甚至连一个问题也没问。患者是一位名叫奥古斯特·迪特（Auguste Deter）的中年女性，当时认为梅毒是痴呆的主要原因，然而她并没有得过梅毒。在尸检时的发现使阿尔茨海默医生转而将她的痴呆症状归因于神经细胞之间的特殊的硬斑块（即 β-淀粉样斑块）和细胞内奇怪的纤维缠结（即神经原纤维缠结）。

如今，我们知道这些经典的病理特征是由异常蛋白积聚形成的——β-淀粉样蛋白错误折叠形成的斑块和形成神经原纤维缠结的异常磷酸化 tau 蛋白。然而在阿尔茨海默病被发现后的几十年中，这种疾病及其神秘的病理表现基本上被研究者们遗忘了。之后，在 1968 年至 1970 年间，英国纽卡斯尔大学的神经病理学家伯纳德·汤姆林森爵士（Sir Bernard Tomlinson）和他的同事们进行了一系列精巧研究，得出了一个重要的结论：没有痴呆的老年人大脑中也常会出现斑块和缠结。只是那些罹患痴呆的老年人有着更多的斑块和缠结，经历过更多次数的脑卒中。这些发现表明，在人群中，阿尔茨海默病可能比任何人意识到的都要普遍得多。

支持这一发现的证据开始不断积累。1976 年 4 月，时任阿尔伯特·爱因斯坦医学院神经学家的罗伯特·卡茨曼（Robert Katzman）在美国医学会的《神经病学档案》中写了一篇划时代的评论文章，宣称阿尔茨海默病是"主要杀手"。此后，大幕拉开，资助经费如同涓涓细流开始流向美国各地的实验室。从 1984 年到 1991 年，新成立的美国国家老龄化研究所资助了 29 个专门致力于攻克阿尔茨海默病的研究中心，我们的拉什阿尔茨海默病中心也包括在内。在一开始，我们的主要兴趣是如何预防阿尔茨海默病。这种努力还处于起步阶段，但我们希望采取一种创新的方法。与其他研究者不同，我们的研究并没有只局限于调查潜在风险因素与阿尔茨海默病之间的关系，而是还考虑到大脑本身疾病和衰老带来的机体变化。

我们的研究面临着样本数量不足的巨大挑战，即如何获得足够的大脑标本，尤其是缺少没有患过痴呆的大脑用于对照。在家属陪同下前往阿尔茨海默病诊所的患者那里得到器官捐献相对来说容易一些，而让健康的老年人同意在去世后捐献大脑则困难许多，尤其是需要他们在生前也同意进行多次检查。即便获取标本如此困难，我们依旧清楚没有痴呆的老年人大脑标本对于破解阿尔茨海默病谜团来说十分重要。在 1988 年一项具有揭示性意义的研究中，卡茨曼对 137 名在养老院去世的老年人进行了尸检，其中大约半数在生前就已经被诊断为阿尔茨海默病。不过在另一半人中，他发现有 10 名老年人同样也具有阿尔茨海默病典型的病理损伤，即使他们在生前属于认知功能测试得分最高的那群老年人。卡茨曼指出，与其他相同病理程度的大脑样本相比，这组未表现出认知功能障碍的老年人的大脑更重，有着更多的神经元。因此，他认为也许这些人只是有更多的神经元可以失去（而并不影响功能），这激发了我们对当前被称为"神经储备"或"认知储备"这一概念的兴趣。

我们精心设计了研究方案，使其尽可能远离衰老和阿尔茨海默病的假设。例如，除了年龄足够大和同意器官捐献之外，我们并没有设置任何纳入或排除的标准。我们不仅询问被试者的饮食、睡眠和锻炼情况（众所周知，这些因素对健康情况和衰老会产生影响），还会询问他们的受教育程度、音乐训练、外语技能、个性、社会活动、是否有创伤经历和儿童时期的家境等情况。我们忽略了传统的诊断标签，对所有的变量与大脑改变程度以及痴呆症状的关系进行分析。对老年人的认知变化进行跟踪研究，他们的认知功能有时会改善，但大部分情况会逐渐下降。我们注意到认知功能的变化速度在不同个体间的区别，一些老年人的认知功能很快就下降至生活不能自理的疾病终末期，与之相反，另一群老年人认知评分的下降速度十分缓慢，或根本没有发生改变。因此，一个很关键的问题摆在我们面前——如何才能成为后者呢？

随着年龄的增长，建立一个更好的大脑

根据多项研究的结果，以下 10 件事可以帮助你降低罹患认知障碍和阿尔茨海默病的风险：

1. 确保父母让你受到良好的教育，使你接受外语和音乐的训练，避免忽视你的情感。
2. 进行有规律的认知训练和身体锻炼。
3. 保持并加强与社会的联系。
4. 多外出探索新鲜事物。
5. 保持冷静和乐观的心态。
6. 与情绪低落的人保持距离，尤其是亲密的家庭成员。
7. 有着认真勤奋的态度。
8. 把时间花在有意义和有目标的活动上。
9. 保持心脏健康：对心脏有好处的东西对大脑也有好处。
10. 采用"MIND"饮食（超体饮食），搭配新鲜水果、蔬菜和鱼类。

大脑的反击

临床上，阿尔茨海默病可能会带来毁灭性的影响。随着时间推移，它会剥夺人们的记忆和语言，使人们丧失注意力和生活自理的能力。如果将不断丢失的记忆比作一本相册，按照遗忘的顺序排列先后，那么童年的记忆将会是最后一页。最终，患者将失去在任何有意义的层面上发挥作用的能力（换言之，患者将丧失一切生活能力）。庆幸的是，许多人可能在达到阿尔茨海默病的终末期之前，早已因其他疾病而去世。虽然十分悲观，但也有好消息，随着疾病的发展，大脑也会像身体的所有其他器官一样进行"反击"。事实上，它是我们人体中最具可塑性和适应性的器官，正因为如此我们才能够学会许多东西。大脑的可塑性似乎构成了我们恢复能力或认知储备库中很大的一部分。

为了更好地理解这一点，我们仔细研究了那些虽然大脑有病理表现（如斑块、脑卒中或其他损伤），但仍然一直保持着良好的认知能力，或只是轻微下降的人群。与卡茨曼的发现一样，我们发现这些认知功能良好的个体往往有更多的神经元，尤其是参与应激和恐惧神经反应的脑干蓝斑区。这一发现很容易解释清楚，大多数阿尔茨海默病患者脑中最多 70% 的神经元会丢失或死亡。我们还与不列颠哥伦比亚大学的精神病学家威廉·霍纳（William Honer）合作发现，认知功能良好的老年人脑内通常含有更多的囊泡相关膜蛋白、复合素 I 和复合素 II 等特定蛋白质，有助于神经元之间通过突触或细胞间隙传递信息。

利用我们的样本，哈佛大学的神经生物学家布鲁斯·A. 杨克纳（Bruce A. Yankner）发现了另一种可以帮助我们保持思维敏捷的蛋白质，称之为抑制元件 -1- 沉默转录因子（REST）（也可译为：限制性沉默因子）。这种蛋白在活到 90 多岁和 100 多岁的老年人的大脑中含量最高。也许并不奇怪，杨克纳在动物研究中发现，REST 可以保护神经元免受氧化应激、β - 淀粉样蛋白或者其他危险因素带来的损伤。他的研究表明，认知功能与大脑皮层和海马区的 REST 蛋白水平成正相关，而上述脑区正是阿尔茨海默病患者病理表现集中的区域。当研究人员抑制小鼠 REST 的表达时，这些动物开始表现出类似阿尔茨海默病的神经退化症状。我们拉什中心团队的神经科医生阿伦·布克曼（Aron Buchman）发现，脑源性神经营养因子（BDNF）的表达水平与认知功能减退速度延缓有关。此外，它还能降低脑内病理损伤对患者认知功能的有害影响。换言之，对于相同程度的大脑病变，BDNF 水平较高的人往往受到认知功能的影响更小。众所周知，BDNF 参与大脑中的神经元活动和突触可塑性。提示 BDNF 表达增加是大脑对于阿尔茨海默病脑内病理损伤的反应。

我们和其他研究者继续寻找衰老大脑中的有益或有害的其他生化因子及潜在机制。最近，拉什中心研究团队的神经病学专家朱莉·施耐德（Julie Schneider）发现，我们收集的大脑样本中半数以上都含有 TDP-43 形成的异常团块，这一病理改变被证实与额颞叶痴呆及肌萎缩侧索硬化（卢伽雷氏病，也称"渐冻症"）有关。近 10% 的样本中出现了疤痕组织，并且发现对记忆形成至关重要的海马区中出现了神经元的严重缺失。

其他研究者还在患者脑中观察到慢性炎症的迹象，为阿尔茨海默病与感染性疾病相关的理论提供了证据支持。例如我们小组的心理学家丽莎·巴恩斯（Lisa Barnes）证实人巨细胞病毒感染与患者认知能力丧失有关。此外，与当前在麻省总医院的神经科医生史蒂文·阿诺德（Steven Arnold）合作发现，阿尔茨海默病与脑内胰岛素信号通路异常之间存在关联。

这种生物学上的复杂性对于我们如何看待这种疾病的治疗和预防有着重要意义。涉及的变量数目众多，可能还会发现更多。因此，许多阿尔茨海默病的风险因素实际上与其病理学改变并没有关系，也就不足为奇了。我们最近与布列根和妇女医院的神经科医生菲利普·德·雅格（Philip De Jager）合作，研究了超过25 种阿尔茨海默病相关的基因突变与几种不同类型的大脑异常之间的关系。我们发现，只有少数突变与阿尔茨海默病的病理改变有关，但也有一部分是与痴呆的其他病因有关，如脑卒中、路易小体和海马区的损伤。

这种复杂性也就意味着筛选出有作用的药物治疗靶点的希望

十分渺茫，最少也是极具挑战性的。考虑到大脑病理改变和认知表现之间并不完全关联，任何单纯针对生物学过程的干预都不一定会对临床症状产生很大影响。事实上，阿尔茨海默病的药物研发进展一直十分缓慢，令人失望。

认知储备的建立

随着研究人员继续解开错综复杂的疾病机制网络，首先证实专注于预防阿尔茨海默病研究是有意义的，运用目前关于改善大脑功能的已知信息来抵御衰老带来的冲击。在工作中，我们积累了从童年到老年各个阶段的许多经验，这些经验可以帮助我们增强认知储备。或许确保大脑健康最关键的早期步骤之一是教育，不仅是正规学校教育，还包括其他类型的学习。认知心理学家费格斯·克雷克（Fergus Craik）和他的同事估计，使用两种语言的人痴呆的发作时间平均会延迟长达四年。拉什中心团队的神经心理学家罗伯特·威尔逊（Robert Wilson）也发现，外语训练和音乐（也可以被认为是另一种语言）训练都与认知能力下降速度的减慢有关。要是我继续上那些小提琴课就好了！

正如拉什大学的统计学家于雷所发现的，教育和认知功能衰退之间的关系是复杂的。一般来说，认知能力不会匀速衰退，它会以某个速率开始，并在某一个关键的时间点后变得更快。接受更多教育会在之后的生活中改变这个关键节点，也许是因为学习越久会积累更多的智力经验。接受过正规教育比较少的人群往往在初期认知能力的基线水平就比较低，并且更快地达到衰退的关键节点。在此之前，两组人认知功能下降的速度大致相同。有趣的是，尽管受过更多教育的人通常在比较晚的时候开始下降，但一旦他们达到变化点，下降速度会变得更快。阿尔伯特·爱因斯坦医学院的生物统计学家查尔斯·霍尔（Charles Hall）在分析爱因斯坦老龄化研究的数据时也发现了类似趋势。这项研究对纽约布朗克斯区的一群居民进行了三十多年的跟踪，主要关注他们的大脑衰老。

高学历人群的认知功能在转折点后急剧下降的现象支持了一种叫作"病程压缩"的理论，这是斯坦福大学的医学教授詹姆斯·弗里斯（James Fries）在 1980 年首次提出的。他的基本假设是，推迟疾病的发作并缩短某人终末时患病和残疾的年限是可能并且可取的。对于阿尔茨海默病等疾病来说，"病程压缩"在情感和经济上都有着巨大的价值。这种疾病给患者和家庭成员都带来了沉重的负担，患者往往处在被护理者的角色，而向他们提供支持的成本很高。因此，任何让这些患者能够多独立生存一年的措施，不仅对这个人而且对其家庭和经济状况都有好处。

在我们研究的被试者中，他们受教育程度越高，他们平均的痛苦时间就越短。这一趋势解释了哥伦比亚大学的雅各布·斯特恩（Yaakov Stern）于 1995 年发表的一份报告。他们研究发现受教育程度越高，阿尔茨海默病患者的死亡风险越大。

　　教育与迄今为止任何可检测的神经病理学改变或神经保护作用并没有直接的关系。相反，它似乎掩盖了疾病发展对人们认知功能的影响。一个人的大脑损伤越多，他或她在额外的教育年限的受益越多。正如我们的数据所示，无论教育高低都是如此，在巴西圣保罗大学的神经病理学专家约瑟夫·法弗（Jose Farfel）的研究中也得到了证实。

挖掘黄金岁月

　　如果你不会拉小提琴或说一门外语也不必担心，早期的教育经历并不是建立认知储备的唯一途径。我们发现，生活中还有其他因素可以带来更久的健康生活，其中之一便是通常所说的“生活目标”。这是一种衡量幸福的指标，指的是我们从生活经历中获得意义的心理倾向，并有明确的意图和目标。

　　拉什研究团队的神经心理学家帕特里夏·波义耳（Patricia Boyle）基于在威斯康星大学麦迪逊分校心理学家卡罗尔·D.里夫（Carol D. Ryff）的前期工作，采用了一种量表进行评估。在拉什记忆与衰老项目的 900 多名被试者（大多数人的年龄分布在 70~90 多岁）中测量了“生活目标”这一特征。在长达七年的随访中我们发现，与得分较低的人相比，“生活目标”得分较高的人被避免诊断为阿尔茨海默病的可能性提高了 2.4 倍。相对较高的分数也与较慢的认知功能下降速率有关。在一项类似的分析中，威尔逊发现，更高水平的尽责性（经典"大五"人格分类中的一种），体现在自律、可靠、追求成就和有组织性，也具有一定的神经保护作用。尽责性得分在90%的宗教团体研究被试者罹患阿尔茨海默病的风险降低了89%。

除了心理特征之外，其他研究表明社交网络的大小也可以影响阿尔茨海默病损害认知功能的速度。社交范围更广的被试者往往出现最糟糕的症状更迟一些。所谓社交网络，并不是指脸书或者推特的关注者，而是指可以讨论私事的家人和朋友。起初，我们认为，也许社交范围广泛的人群会有更多的认知活动、身体锻炼和社交行为，但控制这些变量并不会影响疾病程度与社交网络的联系。相反，来自社交网络的保护作用可能部分反映出能够形成广泛社交联系的个人类型。简而言之，他们可能有更好的人际交往技能，因此具有更多的社会认知储备。

瑞典卡罗林斯卡医学院教授、内科医生劳拉·弗拉蒂格利奥尼（Laura Fratiglioni）在2000年首次描述了社交网络与阿尔茨海默病之间的联系。她的发现基于国王岛项目的数据，这项研究以人群为基础，在斯德哥尔摩进行了关于衰老和痴呆的纵向研究。有趣的是，她还衡量了人们对社交接触的满意度，发现与孩子频繁但令人失望的互动会增加罹患痴呆的风险。这让我想起了山姆·莱文森（Sam Levenson）的一个老笑话："精神错乱是一种遗传病——从你的孩子那里遗传的！"

　　除了上面的玩笑话，在2015年的一项研究中，我们研究小组的威尔逊追踪了529名被试者，对其消极的社会互动进行研究。在研究开始时，所有被试者均没有痴呆症状，与弗拉蒂格利奥尼的研究一致的是，遭受忽视和排斥的受试者在平均近五年后更有可能表现出认知障碍的迹象。

　　上述所有的影响因素背后的中心主题是积极参与。我们和许多研究者均已发现，认知活动、身体锻炼和社交行为的增加都与阿尔茨海默病风险降低有关。我们拉什研究小组的布克曼甚至在近1000名被试者的手腕上放置了活动记录仪（类似于计步器），用来定期监测他们的身体动作情况，不仅记录身体锻炼，还记录生活中的任何活动，比如打牌或做饭。他的研究结果显示，与活动最频繁的人相比，活动最少的人（活动强度倒数10%）后来被诊断出阿尔茨海默病的可能性是前者的两倍多。对我们所有人来说，隐含的教训是：保持运动。

　　思考与外界交往的另一种方式是真正地走出去。我们拉什研究中心的流行病学家布莱恩·詹姆斯（Bryan James）在近1300名被试者中对"生活空间"进行了测试，评估受试者之前一周的活动范围：是否离开了卧室、前廊还是院子；有没有走出过居住的社区；甚至是否离开了居住的城市。在研究开始时，被试者们没有人表现出痴呆症状。大约四年后，研究发现，与拥有最大

"生活空间"的人相比，那些只待在自己家中的人患病可能是前者的两倍。这一发现会不会促使你起身外出，或者对你年老之后的行为提供参考？

我们希望在未来的几年里，随着收集到的大脑样本数量不断扩大，研究手段会变得越来越先进和充分，会发现更多研究大脑衰老的线索。当我过去在养老院看望祖母的时候，她总是问我，"大卫，还在研究阿尔茨海默病吗？"

我会回答道，"是的，GG（我们称她 GG，意为伟大的外祖母），仍然在检查旧的大脑，试图弄清楚是什么保护我们免于记忆丧失"。

她总是跟着说："找到什么了吗？"

我会说，"当然，不过只有一点点"。

然后她会靠过去，指着养老院里的其他几个人悄悄地说，"你最好快点！"

她是多么的明智啊！

大脑驭手

认知科学如何
探索颅内宇宙

第 3 章

研究前沿

攻克大脑

———————

拉斐尔·尤斯蒂（Rafael Yuste）

乔治·M.邱奇（George M. Church）

冯泽君　译

　　尽管经过了一个世纪的不懈努力，脑科学家们对大脑的运作方式还是所知甚少，这个大概只有 1.4 千克的器官，承载着人类所有的意识活动。很多人试图通过研究简单生物体的神经系统来理解人类大脑。可是，尽管科学家在 30 年前就已经弄清秀丽隐杆线虫（Caenorhabditis elegans）302 个神经元之间的连接方式，但到现在为止，就连这种低级生物最基本的生存行为（如进食和交配）是如何产生的，也还不清楚。这中间所缺失的一环，就是神经元活动和特定行为之间的关系。

　　想要在人类中把生物学机制与各种行为一一对应起来，是一个更加艰难的任务。媒体经常报道，大脑扫描显示，人的特定行为（比如当我们认为自己被拒绝，或者在讲一门外语时）会让大脑的特定部位"亮起来"。这些报道可能让人觉得，目前的技术已经能够对大脑的工作原理做出基本解释，但这种印象其实是一种错觉。

举个有名的例子。之前有项备受瞩目的研究发现，大脑里有一个"看见"演员珍妮弗·安妮斯顿（Jennifer Aniston）就会放电的神经元。"珍妮弗神经元"的发现，有点像来自外星的信息，虽然标志着宇宙中存在智慧生命，但信息的含义是什么，却不得而知。我们并不清楚，那些神经元的电活动是通过何种方式，让人们认出安妮斯顿的脸，并将其与美剧《老友记》的画面联系起来的。要让大脑认出明星，应该需要激活一群共用一个"神经密码"的神经元，而我们要做的，就是解开这个密码。

"珍妮弗神经元"的发现，也标志着神经科学走到了一个十字路口。我们已经拥有记录活人大脑内单个神经元活动的技术，但要想深入研究，就需要一系列新技术，来监控甚至改变成千上万神经元的电活动，来揭秘西班牙神经解剖学先驱圣地亚哥·拉蒙·卡哈尔（Santiago Ramóny Cajal）所说的"让诸多科学家迷失、无法逾越的丛林"。

这种突破性的技术，可以从根本上弥合从神经元放电到认知之间的差距，其中包括感知、情感、决策，最终是意识本身。破译思想与行为背后的精确的脑活动模式，也有助于理解在精神和神经疾病（精神分裂症、自闭症、老年痴呆症或帕金森病等）中，神经回路是如何失常的。脑科学亟须技术飞跃的呼声渐渐传开，奥巴马政府于 2013 年宣布启动"脑计划"（Brain Research through Advancing Innovative Neurotechnologies，简称 BRAIN），这也是奥巴马在第二个任期内，在"大科学"项目上所做的最大努力。

"脑计划"在 2014 年的启动资金为 1 亿多美元，致力于开发能记录一大群神经元，甚至是整片脑区的电活动的新技术。而在美国之外，全球还有很多其他大规模的脑科学项目。比如，欧盟的"人类大脑计划"（The Human Brain Project），这一计划为期 10 年，将耗资 16 亿美元，致力于构建能真正模拟人脑的超级计算机。此外，中国、日本和以色列也都有雄心勃勃的脑科学研究计划。推进脑科学投资已经成为全球共识，这似乎让人想起了第二次世界大战后，那些足以决定一个国家竞争力的"大科学项目"：核武器、原子武器、太空探索、计算机、替代能源和基因组测序。脑科学的时代已经到来。

当下的技术瓶颈

目前，想要弄清楚大脑神经细胞是如何生成"珍妮弗·安妮斯顿"这个概念的，还是一件无法完成的任务——实际上，对于我们的经历感受，对外部世界的认知，我们都还没法深入到神经元的层面去了解内在机制。要做到这一点，我们得弄清楚，一群神经元如何相互作用，形成一个更大的整体，具备特定的功能，也就是科学家口中的"突显特性"（emergent property）。这就像任何材料的温度或牢固性，或是某种金属的磁性，都是通过大量分子或原子的相互作用而来的一样。比如碳原子，同样的原子既能组成耐久的钻石，也能形成柔软的石墨，由于极易剥落所以被制成铅笔。无论软硬，这些"突显特性"不由单个原子决定，而是取决于原子的相互作用。

大脑可能也一样，我们无法从单个神经元的监测中看到大脑的"突显特性"，甚至对一大群神经元活动的了解不够精细，都无法看出"突显特性"。想要了解大脑如何感知一朵花或是回想一段童年往事，也许只能观察成百上千神经元组成的神经回路，看神经信号如何在神经回路中传递。尽管科学家早就知道这一事实，但一直苦于没有好的技术来记录神经回路的活动，比如与认知相关，或者产生记忆、复杂行为和认知功能的回路。

为了突破这一瓶颈，科学家做过诸多尝试，比如连接组学（connectomics），也就是全面监测神经元之间的联系（即突触）。美国近期启动的人类连接组计划（Human Connectome Project），目的就是绘制大脑内部结构的连接图谱。但是，就像之前提到的线虫研究一样，这幅图谱仅仅是个开始。单靠这张图，还不足以解释不断变化的电信号产生特定认知的过程。

要记录大脑回路中的电信号传递，需要全新的、远超目前水平的记录技术。现在的技术要么只能精确记录一小群神经元的活动，要么虽然能记录一大片脑区的活动，但分辨率却低得不足以确定特定神经回路是活跃的，还是处于静息状态。目前的精细记录方法是把针样电极插入实验动物的大脑，从而记录单个神经元的电活动——一个神经元接收到其他神经元发出的化学信号时，就会发放电脉冲。神经元受到适当刺激后，细胞膜上的电压会反转；而电压的变化会导致膜上的离子通道打开，钠离子或其他阳离子会涌入神经元内。接着，离子流的涌入，会让神经元产生一个电脉冲，沿着神经元的分支轴突传递，并刺激轴突释放化学信号，传递给其他神经元，从而完成电信号的传递。只记录一个神经元，就好比想要知道一部高清电影的情节，却只关注一个像素，这是不可能看懂"电影"的。而且这种记录是侵入式的，电极插入大脑时，也会损害脑组织。

而监测大脑神经元整体活动的方法，同样存在缺陷。20世纪20年代，汉斯·伯格（Hans Berger）发明了脑电图（electroencephalograph，EEG）技术，电极贴在脑袋上面，就可以记录大脑中10万多个神经元的集体电活动。EEG可以记录几毫秒内脑电波的起伏震荡，但无法监测单个神经元的活动。在功能性磁共振成像（functional magnetic resonance imaging，fMRI）技术中，研究人员用明亮色块表示活跃脑区，以非侵入的方式记录整个大脑的活动，但记录过程缓慢，分辨率也很低。每个图像单元，即立体像素，包含了大约 8 万个神经元。还有，fMRI 并不能直接追踪神经活动，而只能通过监测血流变化来间接表示神经活动。

要通过神经元活动来反映大脑活动的"突显特性"，研究人员需要新的探测设备，同时记录上千神经元的活动。通过使用新型材料，纳米技术可以记录单个分子的活动，这也许可以用于大规模记录。

目前，科学家已经制造出了这类设备的原型产品，在一片硅基材料上安置了 10 万个以上的电极，可以记录视网膜上数万个神经元的电活动。进一步改进技术以后，科学家应该能把这样的电极硅片"堆积"起来，制成三维结构，缩小体积，延长长度之后，也许就能深入到大脑的最外层——大脑皮层中。使用这种设备，就有可能同时记录数万个神经元的活动，并且可以分辨出每一个神经元的活动特性。

电极记录只是追踪神经元活动的方法之一。近年来，科学家还发明了很多其他方法。生物学家开始借用物理学、化学和遗传学领域的新技术，观察清醒动物的神经元在日常生活中是如何活动的。

举例来说，美国霍华德·休斯医学研究所珍妮莉娅·法姆研究学院的米莎·阿伦斯（Misha Ahrens），用幼年斑马鱼做了一次全脑显微成像研究。斑马鱼是神经科学家钟爱的研究对象之一，因为幼年斑马鱼全身透明，有利于科学家观察其内脏器官，包括大脑。这项研究中，斑马鱼的神经元经过基因改造，当神经元发出电脉冲，钙离子流进细胞内时，神经元就会发出荧光。这种方法让斑马鱼的整个大脑"亮"了起来，这样研究人员就可以用相机进行连续拍摄，记录发光的神经元。

上述技术叫作钙成像（calcium imaging），本文作者尤斯蒂最先使用这种技术记录神经回路的电活动，在斑马鱼的 10 万个神经元中，80% 的神经元的活动都能记录到。记录结果发现，即使处于休息状态，斑马鱼的神经系统也在以一种神秘的方式"闪烁"不停。自从伯格发明 EEG 技术以来，科学家发现神经系统其实一直处于活跃状态。斑马鱼的实验说明，新的成像技术也许能帮科学家解开神经科学中的一个重大问题：一大群神经元持续、自发放电的原因。

斑马鱼实验仅仅是个开始，科学家仍需要更好的技术来发掘神经活动和行为之间的对应关系。我们还需要开发新的显微成像技术，以便同时记录一个三维立体结构中的神经活动。此外，钙成像需要的时间太长，很难追踪神经元快速发放的电脉冲，也无法检测削弱神经活动的抑制信号。

神经科学家正和遗传学家、物理学家及化学家一起，努力改进光学成像技术，希望能直接记录细胞膜电位的变化来观察神经活动，而不是探测神经细胞内钙离子浓度的变化。会随着电压变化而改变光学特性的染料，也许能起到比钙成像更好的效果——这些染料可以沉积到神经元上，或是通过基因工程技术整合到细胞膜上。这种技术叫作电压成像（voltage imaging），最终也许能帮助科学家记录一条神经回路上每个神经元的电活动。

不过，电压成像技术还处于起步阶段。化学家还需要改进染料，让它们对神经元的电活动更为敏感，更快地对电压变化做出响应，同时还得保证这些染料不会对细胞造成伤害。目前，分子生物学家正利用基因工程方法，构建"电压感受器"的基因序列，拥有这些序列的神经元，将会合成荧光蛋白，并把荧光蛋白输送到细胞膜的外层，当神经元的电压发生变化时，这些荧光蛋白就可以迅速做出反应——根据神经元电压变化而改变荧光强度。

就"电压感受器"来说，来自纳米技术领域的非生物材料也许同样可用。除了有机染料和荧光蛋白，"电压感受器"也可以由量子点组成——所谓量子点，就是一些微小的半导体颗粒，它们具有量子 - 机械特性，研究人员可以精确调控它们的颜色或发光强度。再如量子光学中使用的另一种新型材料——纳米金刚石（Nanodiamond），它们对电场的变化非常敏感——当神经元的电活动有所变化时，电场也会变化。纳米颗粒还可以与传统的有机染料，或者荧光蛋白联合，形成"杂交"分子。当神经元的活动只能让有机染料或者荧光蛋白发出微弱的信号时，纳米颗粒就可以像"天线"一样，放大荧光信号。

监听百万神经元

神经科学家需要更有效、伤害性更小的方法来观察大脑的神经回路——通过神经回路，电信号可以从一个神经元传导到另一个神经元。有不少技术能帮科学家监测数千、甚至数百万神经元的活动。其中，有些技术已经在使用，有些还只是初具雏形，它们将取代现有技术——目前的监测技术效率低下，精确度不高，而且经常需要插入侵入式的电极。

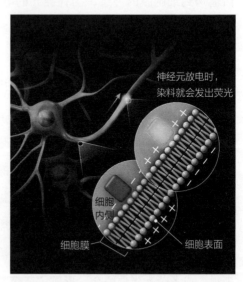

神经元放电时，染料就会发出荧光

电压成像
这种技术需将染料置入神经元中，用来监测神经元的电活动。当接收到电信号，神经元细胞膜上的电压发生变化时，细胞内的染料就会发出荧光，附近的检测设备（图中未显示）将记录下荧光信号的变化。这种方法可以同时监控许多其他含相同染料的神经元的活动。

细胞内侧

细胞膜   细胞表面

"DNA 磁带"

"分子磁带"是一种全新的技术。在这一技术的一种应用中，科学家会将序列已知的一条 DNA 链置入神经元内靠近细胞膜的地方，然后 DNA 聚合酶会以这条 DNA 链为模板，组装一条新的 DNA 单链，并与模板形成双链 DNA（左）。当神经元放电，钙离子从细胞膜上的开放通道涌入细胞内时，聚合酶会将错误的核苷酸组装到新的 DNA 链上（右），这一错误，可以通过测序检测出来。

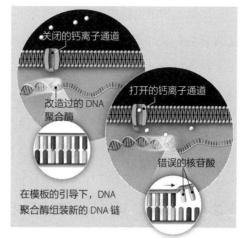

插图：Emily Cooper

"分子磁带"

直接观察神经元活动的另一个技术难点在于，如何将光线传向大脑深处的神经回路，再将产生的信号收集回来。为了解决这个问题，神经技术开发人员开始与计算光学、材料工程和医学领域的研究人员进行合作，这些人员还需要以非侵入式的方法观察物体深处的情况，不管是透过皮肤、头骨还是计算机芯片。科学家早就知道，有时候光线碰到固体对象后会发生散射，而理论上来说，散射出的光子可以反映出固体表面的细节特征。

比如，用手电筒照射手掌，光线穿过手掌后会非常散乱，无法告诉我们关于骨骼、皮下血管的任何位置信息。但是，穿过手掌的光线并未完全失去有关传播路径的信息。这些散乱的光线会发生散射，继而相互干扰。用相机拍下光线相互干扰的模式，再用新的计算方法就能重构光线携带的信息。利用这种方法，美国科罗拉多大学博尔德分校的拉斐尔·皮斯顿（Rafael Piestun）和同事"看穿"了不透明材料。这种技术可以同其他光学技术结合起来，比如天文学家用来校正图片，消除大气对恒星星光的影响的技术。这就是所谓的计算光学技术，可以帮助科学家监测大脑深处的神经元放电时，荧光蛋白或染料发出的荧光。

这类新技术中，已有一些成功用于观测动物和人类大脑：凭借此类技术，科学家已经可以观测到大脑皮层 1 毫米以下的神经活动（事先需要移除一小块头骨）。而且我们相信，通过技术改进，终能直接"看穿"颅骨。但是，这一技术始终无法有足够的"穿透力"，让我们观察到大脑深处的情况。不过，最近发明的一项新技术也许能在这方面帮上忙。该技术叫作显微内窥镜技术（microendoscopy），神经放射学家会将一根很细很软的管子，从股动脉插入人体内，再操控这根管子，深入到人体各个部位，甚至大脑，这样管子中的显微光导管就能发挥作用。2010 年，瑞典卡罗林斯卡学院的一个研究小组发明了名为"extroducer"的设备，它能让内窥镜安全地穿过动脉或血管，让科学家可以利用各种成像技术和记录仪，对整个大脑——而不仅仅是血管系统——进行监测。

电子和光子是记录大脑活动最常用的介质，但不是只有它们可以帮助科学家完成记录。DNA技术也可以成为监测神经元活动的有效手段，不过目前还处于起步阶段。本文作者邱奇就从合成生物学得到启发——这个领域的研究内容是把生物材料当成机器零件一样组装在一起。随着技术的进步，科学家已经能通过基因工程手段，让实验动物合成一种"分子磁带"——当神经元变得活跃，这种分子就能以特定的、检测得到的方式发生改变。

在某种条件下，这种"分子磁带"可以由DNA聚合酶合成（这种酶的功能原本是在DNA模板的引导下，把核苷酸组装成一条DNA链，与DNA模板形成双链DNA）。神经元放电时，钙离子内流，会使DNA聚合酶的工作出现错误，把不正确的核苷酸放到DNA链里。随后，实验动物大脑中，每个神经元里有问题的DNA都可以检测出来。一种名为荧光原位测序（fluorescent in situ sequencing）的新技术，可以标记显示DNA链上的各种错误——在给定体积的组织里，这些错误的发生方式与神经元电活动的强度和时机密切相关。2012年，邱奇实验室利用一个可被镁、锰和钙离子改变的"DNA磁带"，显示了这种技术的可行性。

在合成生物学这条路上，科学家还想造出人工细胞，作为"生物学哨兵"在人体内巡逻。经过基因改造的细胞可以作为生物电极——直径比头发细多了，放置于神经元附近，监测其放电情况。神经元的放电模式可被合成细胞内的纳米级集成电路——"电子粉尘"记录下来，后者会通过无线的方式，将收集到的数据传给附近的电脑。这些纳米设备是电子设备和生物学元件结合的产物，可以由外部的超声波发射器供电，甚至还可以直接从细胞内的葡萄糖、腺苷三磷酸等分子上获取能量。

安装神经开关

除了观察神经回路中的电流，科学家现在更希望能随意操控个别神经回路，这样才能了解如何控制特定形式的脑活动。总有一天，这些新兴技术将能平息癫痫发作和帕金森病人的震颤。这些技术中，有两个需要依赖光信号。

光遗传学技术
正如名称所示，光遗传学是将光信号和基因工程结合起来，激活活体动物的神经回路。首先，将光敏蛋白（这里是视蛋白，Opsin）的基因放入病毒中，再把病毒注射到动物大脑内，让病毒把基因转入神经元。因为经过了改造，这个基因只能在特定神经元中表达，合成视蛋白，并把视蛋白安置在细胞膜的表面。视蛋白是一个离子通道蛋白。通过插入脑内的光纤传入光信号，可以开启视蛋白通道，让离子涌入神经元，进而让神经元发放电脉冲。

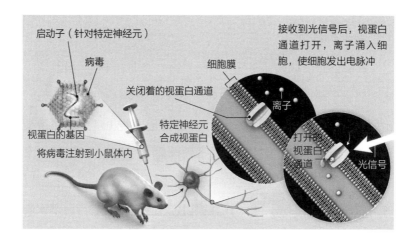

启动子（针对特定神经元）

病毒

视蛋白的基因

将病毒注射到小鼠体内

细胞膜

关闭着的视蛋白通道

特定神经元合成视蛋白

接收到光信号后，视蛋白通道打开，离子涌入细胞，使细胞发出电脉冲

离子

打开的视蛋白通道

光信号

光化学技术

还有一种技术可以避免烦琐的基因工程，这就是光化学技术。病人先吃下一粒药片，其中含有光激活分子（"笼子"），分子上结合有神经递质。当药片成分到达脑部后，通过内窥镜，或从颅骨外发射光脉冲，可让"笼子"解体，释放神经递质分子，后者会结合到神经元细胞膜的离子通道上，让通道打开，离子随即涌入细胞内。这些涌入的离子会使神经元放电，发出电信号。

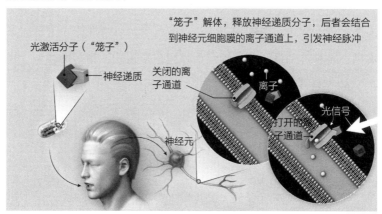

光激活分子（"笼子"）

神经递质

关闭的离子通道

离子

神经元

"笼子"解体，释放神经递质分子，后者会结合到神经元细胞膜的离子通道上，引发神经脉冲

光信号

打开的离子通道

插图：Emily Cooper

操控神经元

要弄清楚大脑的那张巨大神经网络中发生了什么，只是给大脑"照相"可不够。科学家必须能随意操控某些神经元的活动，比如让它们放电或静息，这样才能弄清楚这些神经元的作用是什么。光遗传学是近年来神经科学领域常用的一种技术，科学家会从细菌和藻类中寻找对光线敏感的蛋白，然后把编码这些蛋白的基因插入动物的基因组，让动物们合成光敏蛋白。当科学家通过光纤，用某种波长的光线照射光敏蛋白时，这些蛋白就会使神经元放电，或者静息。运用这种技术，科学家已经可以激活与愉悦、奖赏感以及帕金森病患者运动能力受损有关的神经回路，甚至还成功给小鼠植入了原本不存在的记忆。

这种技术对基因工程手段的依赖，意味着在短期内还很难在人体上进行测试，更别说用于治疗疾病了。可行性的一个替代方案是，将神经递质（传递神经信号的化学物质）和一种名为"笼子"的光敏化合物接合起来。在光照条件下，"笼子"会解体，释放出有活性的神经递质。2012 年，明尼苏达大学的史蒂芬·罗斯曼（Steven Rothman）和尤蒂斯实验室合作，将 γ - 氨基丁酸——一种抑制神经元活性的神经递质，与钌元素形成的"笼子"接合，并置于大鼠的大脑皮层上——这只大鼠事先接受了化学物质的处理，诱导出了癫痫症状。此时，向大鼠的大脑照射一束蓝光,让"笼子"释放 γ-氨基丁酸,大鼠的癫痫症状明显得到缓解。最近,科学家正用类似的"光化合物"方法,研究特定神经回路的功能。如果继续优化该技术,也许将来可以用于治疗某些神经或精神疾病。

但是从基础研究到实际应用,还有很长的路要走。每种大规模测量和操控神经活动的方法,都要经过从果蝇到线虫再到啮齿类动物的过程,最后才能用于人类。通过科学家的大量努力,也许在 5 年内,我们能够同时记录,并且用光控制果蝇大脑中 10万个神经元的活动。而要在清醒的小鼠身上,监测、调控其大脑中的神经元活动,在最近 10 年内可能还无法做到。有些技术,如用细电极干预抑郁症或癫痫病人的神经回路,也许在几年内就能投入临床应用,而有些技术则还得等上 10 年或更长时间。

随着神经科学技术的日益成熟,研究者需要改进处理和共享海量数据的方法。对小鼠大脑皮层的所有神经元活动进行成像,一个小时就能产生 300TB 的压缩数据。不过,这绝不是无法完成的任务。同天文台、基因组研究中心以及粒子加速器一样,先进的研究设备可以获取、整合和分析这些海量的数据。正如人类基因组计划催生了生物信息学,用来处理和分析测序所得的数据一样,计算神经科学将能解码整个神经系统的运作。

分析来自大脑的海量数据不仅能让数据变得井井有条,也会给新理论的出现奠定基础:看似杂乱无章的神经元活动,是如何形成认知，完成学习与形成记忆的。不仅如此，这项工作还可以验证一些此前未经验证的理论，并且推翻一些错误的理论。有个有趣的理论推测，在一个活跃的神经回路中，很多神经元会以特定顺序放电，这种活动模式可能代表了大脑的某种"突显特性"——一个想法、一段记忆或一个决定。最近的一项研究中，小鼠需要穿过投射在屏幕上的虚拟迷宫，每当小鼠在某个岔路做出决定时，就会激活几十个神经元，这些神经元电活动的动态变化，和前述理论的描述很类似。

深入了解神经回路还将改善对大脑疾病的诊断，比如阿尔茨海默病和自闭症，也将有助于我们深入了解这些疾病的成因。医生将不只靠外在症状来诊断和治疗这些疾病，还可以检测与这些疾病相关的神经回路在电活动上的变化，进而对神经回路进行矫正。而且，弄清楚了这些疾病的根源，还能给医药和生物技术行业带来经济利益。不过，和人类基因组计划一样，这些技术将面临伦理和法律问题，特别是如果这类研究让人们找到了某些方法，可以辨别或改变病人的精神状态，就必须小心保护病人的知情权和隐私权。

不过，这些大脑研究项目要想成功，科学家以及他们的支持者必须把重点放在神经回路的记录与控制上。美国的"脑计划"最初源于《神经元》（*Neuron*）杂志在 2012 年刊登的一篇文章。在这篇文章中，我们和其他同事一起倡议，物理学家、化学家、纳米科学家、分子生物学家和神经科学家应该长期合作，利用新技术监测、调控整个大脑回路的电活动，从而构建"大脑活动图谱"。

我们要说的是，尽管雄心勃勃的"脑计划"已经取得了一些进展，但我们不能忘记初衷——开发和构建新工具。脑科学研究的范围很广，"脑计划"很容易就会演变成一个复杂的"愿望清单"，用于满足众多分支领域的神经科学家的各种兴趣。如果变成这样，"脑计划"就没什么意义了，最后就会成为各个实验室现有研究计划的补充。

如果真发生这种情况，就不大可能出现重大进展，当前的技术难题也无法得到解决。我们需要不同学科之间相互合作。要想开发新技术，同时监测某个大脑区域中数百万神经元的电压变化，只有通过跨学科团队的通力合作和持续努力才能实现。

这样，才有可能开发出新技术，然后在一个天文台那样的大型机构内，供神经科学界共享。我们有着足够的热情去开发新技术，以便记录、调控和解码大脑的电活动模式，弄懂大脑的"语言"。我们认为，如果没有新技术，神经科学将一直处于瓶颈状态，无法检测种种行为背后的大脑"突显特性"。只要我们能理解和运用大脑的"语言"——电脉冲，就能弄清楚自然界中最复杂的"机器"到底是如何运作的。

培养迷你大脑

于尔根·A.克诺布利希（Juergen A. Knoblich）
解云礼　译

　　人类之所以能成为智慧生物，主宰万物，归根结底是由于我们的大脑与众不同。大脑能思考，能感受爱和恨，能够产生最有创意的思想，也可以产生最邪恶的念头。这个外形像核桃的组织，虽然只有约1.4千克重，却是自然界中最复杂的器官。大脑中大概有860亿个神经元（也可以叫神经细胞）。这些细胞必须在特定的时间产生，迁移到正确的位置，并以正确的方式和其他神经细胞建立联系，这对人类的生存和繁衍非常重要。

　　准确理解人类大脑的发育和功能，是现代生物学研究的最大挑战。神经生物学诞生以来，我们对大脑的认识和理解都来自于动物实验，通常的实验对象是小鼠和大鼠。科学家之所以采用这种实验是因为小鼠和人类拥有相似的大脑构造——两者的大脑中有很多相同类型的神经细胞，基本上都用相同的大脑区域来执行相似的功能。但是，人类和啮齿类动物有一个最关键的区别——小鼠大脑表面平滑，而人类大脑表面满是褶皱。

对普通人来说，这个区别可能看起来微不足道。但是神经科学家认为，这种褶皱是人类大脑功能与众不同的重要原因。这样的结构能在同等脑容量的情况下存储更多的神经元，这也是所有"高等智能"动物的一个显著特征，比如猴子、猫、狗和鲸。演化生物学家的研究表明，小鼠大脑和人脑之间的另一个区别是褶皱产生的原因：人类大脑很多部位的神经元都是由一类特殊的神经元前体细胞分化出来的，而在小鼠大脑里，这种前体细胞少到可以忽略。

这种差异可以解释，为什么很多基因突变会让人类产生严重的大脑神经疾病，但当研究人员试图通过小鼠实验研究这些疾病的发病机理时却发现，同样的突变在小鼠体内引起的表型和在人体中引起的表型并不相同。原因就是小鼠和人类大脑的结构存在上述差异。如果有些突变只会影响人类大脑某些结构的发育，或者只会影响仅在人类大脑中比较常见的细胞的功能，那么通过小鼠实验来研究人类大脑疾病的方法注定会失败。事实上，人类大脑的这种独特性，可能正是科学家做了很多啮齿类动物研究，却无法找到精神分裂症、癫痫、自闭症等神经疾病的有效疗法的原因之一。

认识到小鼠和人类大脑的区别后，科学家非常希望能找到更好的研究方式来指导神经科学实验。最近，我的实验室提出一个令人兴奋的研究方法：在培养皿中培养出小型的、发育中的大脑的主要部分。这种大脑结构是一种类大脑器官（organoid）。神经科学家可以从这个人类大脑的研究模型中，获得在小鼠研究中无法获得的信息。利用培养皿中的大脑，或者叫迷你大脑，研究人员可以很好地观察大脑内部在不同情况下发生的变化，比如孕妇感染寨卡病毒后如何影响胎儿的大脑发育，或者用基因编辑工具改造类大脑器官，模拟患有遗传性神经疾病的大脑。

培养皿中的大脑

这项工作始于 2012 年，那时我实验室的博士后玛德琳·A. 兰卡斯特（Madeline A. Lancaster）设计了一套方案，希望在培养皿中重现人类胎儿最初十周内大脑形成的基本过程。我们使用了人类胚胎干细胞，这种细胞具有多能性（pluripotency）这个不同寻常的特征。多能干细胞和早期胚胎中的细胞属于同一类型。在特定条件下培养后，它们可以分化形成任何类型的组织——可以是神经、肌肉、血液、骨骼或其他组织。在胚胎中，这些新细胞只能在几天的时间里维持它们的多能性。但是在特定的实验室条件下，研究人员可以让它们长久地维持多能性，使它们转变成几乎任何类型的细胞。

首先，我们把细胞培养在含有神经外胚层（neuroectoderm，形成神经系统的胚胎组织）生长所需营养的液体培养基中。当细胞生长、聚集成球状（拟胚体）时，我们把这种球状体包埋在一种叫基质胶（Matrigel）的介质中。基质胶是由从小鼠软骨肿瘤中分离出来的细胞产生的，与胚胎中细胞附着的膜相似。基质胶富含一些既能刺激细胞分裂又能抑制细胞死亡的因子，还提供了一个有足够韧性的骨架，让细胞可以黏附在上面，同时又具有足够的可塑性，能改变自身形状，适应细胞的生长。

实验结果令人惊叹。在基质胶里，拟胚体最后成长为三维白色球状组织，与人类胚胎中的大脑相似。在特定的、可以诱导胚胎脑部发育的化学信号的刺激下，干细胞可以分化成和人类前脑（forebrain，人脑中最复杂、重要的神经中枢）完全一样的组织。培育出来的类大脑器官包含大脑皮层（较大的、具有褶皱的外部结构）和脉络丛（choroid plexus，产生脑脊髓液的区域）。我们还在其中发现了发育中大脑的其他结构，比如海马体（hippocampus，参与记忆形成）以及生成抑制兴奋性神经元活动的中间神经元（interneurons）的内侧和外侧神经节隆起。

类脑器官里的细胞最终会长到和8~10周人类胚胎中的大脑一样大。少数类脑甚至会长出有色素沉积的类眼结构，非常像人

1 整个流程使用的是能在体内分化为各种类型细胞的胚胎干细胞或诱导多能干细胞。后者可以通过细胞重编程技术从成人皮肤细胞或血细胞转化而来。

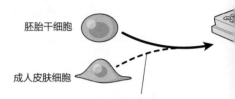

胚胎干细胞

成人皮肤细胞

成体细胞重编程

体外培养过程

现在，诱导干细胞发育成不同类型的生物组织的技术，已经用于培养包含大脑皮层和其他结构的部分大脑。大脑是行使高级认知功能的器官，可以对从外界获得的信息进行加工，形成记忆并做出决策。为了创造这样一个"迷你大脑"，研究人员为一小团细胞提供营养和基质，供其生长。结果发现，细胞的生长模拟了早期胚胎的发育过程。

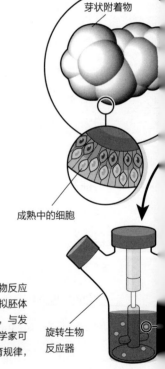

芽状附着物

成熟中的细胞

旋转生物反应器

5 第16~30天：基质胶滴被转入旋转生物反应器（或叫定轨振荡器）。在基质胶中，拟胚体长出类脑器官——三维白球体组织，与发育中的人类胚胎的前脑非常相像。科学家可以利用这种类脑组织，研究大脑的发育规律，以及生命早期出现的脑疾病的机理。

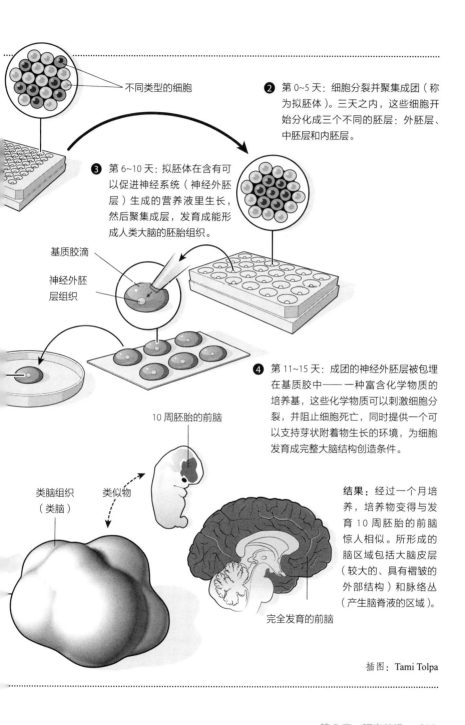

不同类型的细胞

❷ 第 0~5 天：细胞分裂并聚集成团（称为拟胚体）。三天之内，这些细胞开始分化成三个不同的胚层：外胚层、中胚层和内胚层。

❸ 第 6~10 天：拟胚体在含有可以促进神经系统（神经外胚层）生成的营养液里生长，然后聚集成层，发育成能形成人类大脑的胚胎组织。

基质胶滴

神经外胚层组织

❹ 第 11~15 天：成团的神经外胚层被包埋在基质胶中——一种富含化学物质的培养基，这些化学物质可以刺激细胞分裂，并阻止细胞死亡，同时提供一个可以支持芽状附着物生长的环境，为细胞发育成完整大脑结构创造条件。

10 周胚胎的前脑

类脑组织（类脑）

类似物

结果：经过一个月培养，培养物变得与发育 10 周胚胎的前脑惊人相似。所形成的脑区域包括大脑皮层（较大的、具有褶皱的外部结构）和脉络丛（产生脑脊液的区域）。

完全发育的前脑

插图：Tami Tolpa

类胚胎中眼睛早期发育时的样子。就像胚胎中大脑的发育一样，类脑器官中的细胞也会分化形成不同类型的神经细胞。这些神经细胞具有长长的轴突，像电缆一样，可以和其他神经元联系，从而形成活跃的信号网络系统。在形成神经网络系统前，神经元需要从一个区域迁移到另一个区域，这和胚胎中大脑神经元的发育一样。这样的类脑模型很可能为我们提供一些线索，帮助我们理解，在神经系统疾病中，神经元究竟是怎么迁移到错误位置的。

借鉴前人的研究

通过细胞培养来构建组织的想法，并不是最近才有的。和大多数科学发现一样，当前类器官研究的迅猛发展，也有赖于多年前科学先驱们的研究，甚至可以追溯到一个多世纪前。早在1907年，生物学家亨利·威尔逊（Henry Wilson）已经证明，某些低等动物，比如海绵，被分解为单个细胞后仍然可以重组为个体。这暗示着，这种现象也可以发生在其他组织中，比如复杂的脑组织。

1939年约翰尼斯·霍尔特弗雷特（Johannes Holtfreter）发现，青蛙胚胎里的各种细胞，即使在完全分离的情况下，还能互相找到对方，从而重新长成原来的样子。在20世纪80年代，这个发现极大地助推了"重聚合"（reaggregation）研究——在实验室里将不同类型的细胞放在一起培养，生成复杂的器官，比如视网膜甚至是大脑皮层。

在2006到2010年早期"重聚合"实验的基础上，日本理化学研究所（RIKEN）发育生物中心的科学家笹井芳树（Yoshiki Sasai）率先利用多能干细胞培养神经系统的组织，其中最为著名的是他的实验室培养出的人视网膜组织。事实上，我们的大脑类器官技术，结合了来自笹井芳树实验室，以及荷兰乌得勒支大学（Utrecht University）的汉斯·克利夫斯（Hans Clevers）实验室的开创性工作。汉斯·克利夫斯将干细胞和基质胶结合起来，建立了一套培养系统，他们可以在实验室培育出大肠、胃组织，甚至肝脏和胰腺组织。

除了借鉴这些先前研究的成果，我们的工作还利用了最新的、颠覆性的生物技术——细胞重编程（reprogramming）技术，它是由2012年诺贝尔奖获得者、日本京都大学的山中伸弥（Shinya Yamanaka）发明的。通过一系列简单的遗传学操作，细胞重编程技术可以将已经完全成熟的体细胞转化成多能干细胞，这一技术可以用于几乎所有细胞，从皮肤细胞到血细胞。从皮肤或血样品转化过来的干细胞，可以继续转化为不同类型的大脑细胞，然后这些细胞可以长成类脑器官。由此，这个方法可以避免使用来源于人类胚胎的细胞。

利用细胞重编程技术，将遗传病患者体内的细胞培养成类器官，再与用健康人细胞培养出的类器官进行比较，有助于找到引发疾病的真正原因。因为患者细胞的遗传缺陷，会使培养出的类器官发生病变，这与发育中的胚胎是一样的。事实上，我们已经开始利用类脑技术，研究小头症（microcephaly，患者出生时大脑体积严重偏小）这类疾病了。我们发现，用小头症患者的细胞培养出的类脑器官，比用普通人细胞培养出的类脑器官要小很多。因为我们可以大规模地培养源自患者的细胞，所以可以详细地分析导致小脑症的一系列分子机理。对于其他大脑疾病也可以进行同样的研究：利用患者细胞培养出类脑器官，神经科学家可以更好地理解大脑形成过程中可能出现的缺陷，尤其是对精神分裂症（schizophrenia）、癫痫（epilepsy）和其他无法在实验动物上研究的疾病。

从正常细胞重编程而来的类脑器官也非常有用。事实上，它们已经被用于寨卡病毒的研究上。孕妇感染寨卡病毒后，会导致胎儿发育畸形，出现小头症。很多实验室都在利用类脑器官进行这方面的研究，巴西和美国已经先后找到了寨卡病毒能引发小头症的证据。在这种新技术出现之前，寨卡病毒导致小头症还只能从理论上猜想。当正常细胞培养出的类脑器官被寨卡病毒感染后，神经细胞会凋亡，从而导致被感染组比对照组体积小很多，并与小头症患者细胞培养出的类脑器官非常相像。

类脑器官还能从其他方面推动对寨卡病毒的研究。同时培养多个类脑器官，然后用来自世界不同地区的病毒株，分别去感染这些来源相似的类脑，我们就可以了解，为什么有些地方的寨卡病毒可以导致小头症，有些地区的病毒不会导致小头症。我们也可以用类脑器官去探究，为什么只有一部分人感染寨卡病毒后会得小头症。类脑器官也可以用来鉴定病毒停泊点（即受体，病毒用来进入细胞的介质），治疗寨卡病毒感染的药物进入临床前，需要进行药物测试，而受体对于药物测试非常重要。

第二个促进类器官应用的技术是基因组编辑技术，这套技术允许研究人员改变细胞的遗传编码。研究人员可以对类器官进行基因编辑，使其发生某些可疑的遗传突变，由此证明这种遗传缺陷是否真的是导致疾病的原因。最后，研究人员还可以评估，修复突变能否产生正常的类器官，如果可以，就能提出新的治疗方案。

神经科学家希望"迷你大脑"技术还能应用在其他研究方向上，比如药物研发。"迷你大脑"技术可以用来评估新药对大脑组织的影响，省去在实验动物身上进行测试的环节，从而减少药物研发的成本。科学家还可以利用类脑器官，鉴别药物对大脑发育的不利影响，从而使准备怀孕或妊娠期的女性免受有害药物的侵害。臭名昭著的镇静剂沙利度胺（thalidomide）会破坏妊娠早期胚胎大脑的发育，进而导致出生缺陷，如果当年能够先用类脑技术对其进行测试，那么这种药物就不会出现在 20 世纪 50~60 年代医生为治疗孕妇晨吐开具的处方上。

对于演化生物学家来说，类脑器官是一个非常宝贵的工具。科学家可以利用它找到导致人脑比其他灵长类动物脑部大的相关基因。目前，通过对比人类和其他灵长类动物的基因组，研究人员已经发现，与认知功能（比如说语言）相关的基因，是人类特有的。不过这些基因是如何工作的，研究人员还只能猜测。现在，科学家可以将猴子或猿类的基因引入类脑，观察它们的基因如何影响人脑发育。研究人员也可以将人源基因或基因组上的整段区域，插入猴子的类脑里，让它们运行得更像人的大脑。

《黑客帝国》成真？

在培养皿中培育出人类大脑的想法，肯定还是会让很多人感到厌恶吧。电影《黑客帝国》展示的场景令人浮想联翩，实验室培育出的大脑也许能形成自己的思想甚至人格。不过放心，这些都是不必要的担心。实验室培育出的大脑形成自我意识的可能性为零。一个类脑器官并不是一个装在坛子里的"类人类"，甚至将来也不可能成为"类人类"。任何意识的形成，都需要从感官获取信息，进而形成一个内在对外界进行思考的模式。类脑器官既不能看也不能听，因为它缺乏所有的感官输入。即使我们将类脑器官与一个照相机和一个耳机相连，进入类脑器官的视觉和听觉信息，还需要翻译成能够被培养皿里的脑细胞理解的形式才行，而从现状来看，提供这种翻译是一个难以克服的技术挑战。

类脑并不是具有功能的大脑，只是成团的组织，能够在非常精细的水平上模拟器官里分子和细胞的功能。它们和脑部手术中切下来的一片组织一样，不是有意识的东西。

尽管如此，培育类器官还是引发了一些伦理和法律方面的问题。所有类器官源自细胞，而细胞的提供者有自己的法律权益。所以在实验室进行这项工作、从病人身上取样时，必须遵从国家制定的一套法律和伦理流程。在病人的细胞用于科学研究之前，当然也需要病人进行授权。同样的规则也适用于类器官的研究。即使解释清楚了这项科研带来的所有益处，捐赠者对将源自自身的细胞培养成类脑器官这件事，第一感觉还是会不太舒服。

迷你大脑的未来

这项新技术带来的有利之处，大于任何可能存在的不利之处。有了类脑器官，研究人员有望在人源组织中进行可行的医疗和毒理学实验，不必再依赖动物实验。虽然如此，我和其他科学家还是希望，可以继续改进这项技术。比如目前，由于技术所限，我们培养出的类脑器官缺乏血管。在类脑器官的早期发育阶段，血管缺失并不是一个大问题，但是随着时间推移，细胞会因为缺乏氧气和养分而开始凋亡。从理论上来说，血管可以通过新的 3D 打印技术制造，或者通过干细胞的分化生长出。众所周知，自然状态下，血管会在大脑中不断生长，而在类脑器官中，这个过程很可能需要通过 3D 培养技术来实现。

另外一个挑战是，我们想让类脑器官与真实的大脑一样，有前后、上下和左右之分。一个真实的胚胎具有明确定义的体轴，而类脑器官与此不同，它缺乏一个前后和头尾的轴线。因此，类脑的发育是随机的，它们的各个部位具有不同的方向性。在大脑的发育过程中，复杂的信号系统会决定脑的极性。我们希望这些相似的化学物质，最终也可以在类脑器官中起作用，从而让类脑器官呈现极性。目前，现代生物技术已经能够在组织培养过程中，使用化学信号刺激细胞的生长发育。我们相信，结合先进的培养技术，科学家最终可以培养出一个既有前脑又有后脑的类脑器官。

我们已经开始着手寻找新方案，攻克上述这些难关。目前，得益于近年来生物医学技术的突飞猛进，类器官研究取得了巨大的进展，已经能帮助研究人员更好地理解疾病的发病机制和研发新药，这些成就放在几年前，还是不可企及的。可以说，类脑技术开启了生物研究领域一个全新的篇章。未来，我们不仅可以培养出更真实的类器官模型，并且有望用这些类器官替代实验动物开展研究。

与植物人对话

艾德里安·M. 欧文 (Adrian M. Owen)

张　庭 译　　毛利华 **审校**

　　我从 1997 年开始研究对外界刺激没有反应的病人，搜寻他们的意识活动。那一年，我遇到了凯特（Kate），她曾是英国剑桥的一位年轻教师，在经历了一场类似流感的疾病后，进入了昏迷状态。几个星期后，凯特的医生宣布她成了植物人，这意味着尽管她有睡眠—觉醒周期，但失去了意识。凯特可以睁开和闭上眼睛，甚至还会很快扫视一下病房，但没有任何内心活动，对家人和医生给她的外界"刺激"也没有任何反应。

　　那时，我正在英国剑桥大学研究扫描大脑的新方法，戴维·梅农（David Menon）是我的同事，他是一位急性脑损伤专家。梅农提议，用正电子发射断层显像（PET）扫描凯特的大脑，看能否在她的大脑中检测到认知活动的迹象。虽然希望渺茫，但我觉得我们的一些新技术或许能起点作用。扫描凯特大脑时，我们在电脑屏幕上快速展示她的朋友和家人的照片，同时监测凯特大脑中的活动迹象。结果令人震惊，凯特的大脑不仅能对熟人的面孔做出反应，而且活动模式跟正常人看到所爱的人的照片时惊人相似。

这意味着什么？难道凯特虽然看似不省人事，但大脑存在意识？还是说这只不过是某种反射性反应？要搞清楚这个问题，我们可能还需要借助更先进的仪器，再研究十多年才行。

但实际情况是，我们根本就等不起。随着脑外伤治疗、急救和重症监护水平的提高，越来越多的人能够从严重的脑损伤事故中幸存下来，但最终却和凯特一样——活着，却似乎没有任何意识。在每座拥有先进护理设备的城市里，几乎都有这种病人。如何护理和治疗他们，比如生命维持措施应该持续多久，怎样权衡家人的意愿和病人事发前的意愿（如若有的话），都是棘手的伦理问题，不仅难以抉择，还会涉及法律。对外界刺激没有反应的病人可以分成几类：有些会有一定程度的恢复（当然，我们很难预测是哪些病人，以及他们会恢复到何种程度）；有些会陷入微意识状态，偶尔表现出一些意识活动的迹象；还有一些则到去世前都一直是植物人状态——可能持续几十年。了解病人属于上述何种状态，医生和家属才能更好地制定方案，使病人利益最大化。

迷失在灰色地带

意识似乎是一个要么有，要么无的东西——就像灯一样，要么开着，要么关着。但实际情况并非如此，意识可以部分存在。医学上把意识遭受损伤的情况称为意识障碍（disorders of consciousness），它可以分成以下几类。意识障碍大多源于头部受伤，或中风和心脏停搏之类的事件，这类事件会导致大脑缺氧，而大脑缺氧造成的后果比脑外伤更严重。病人意识障碍的程度可能会减轻或加重，从一种类型转化成另一种类型，但脑死亡这种情况例外，因为脑死亡意味着生命已经终结。

脑死亡：大脑和脑干的所有功能都永久地丧失了。

昏迷：丧失全部意识；睡眠—觉醒周期消失，眼睛始终是闭着的。昏迷状态一般不会超过 2~4 周，并且通常是暂时的，在此之后病人会恢复意识，或进入下面某种状态。

植物人状态：出现睡眠—觉醒周期，眼睛可能自发睁开或受外界刺激睁开，但这些仅有的行为往往只是反射性的。著名案例：特丽·夏沃（Terri Schiavo）、卡伦·安·昆兰（Karen Ann Quinlan）。

微意识状态：病人看上去像植物人，但有时会显示出有意识的迹象，比如伸手去够某个物体、听从指令或对环境做出反应。著名案例：特里·沃利斯（Terry Wallis），他在 19 年后恢复意识。

闭锁综合征：严格来说，这种状态不属于意识障碍，因为病人的意识是健全的。然而，他们不能移动身体，所以常被误认为是植物人或处于微意识状态。此类病人大多仍有眨眼和眼动的能力。著名案例：让 - 多米尼克·鲍比（Jean-Dominique Bauby），他通过眨左眼完成了一本回忆录。

听到请回答

扫描凯特大脑之后的几年中，我们又尝试了一些新方法，来检测"隐藏"在植物人身上的意识活动——我们称之为内隐意识（covert consciousness）。我们先给病人播放一段朗读散文的录音，以及一段类似言语，但没有任何语义的语音，然后把病人产生的大脑反应和正常人进行比较。在一些案例中，我们发现，所谓的"植物人"的大脑活动，和正常人的大脑活动非常相似——在播放散文录音时，"植物人"大脑中感知语言的区域通常会活跃起来；而播放类似言语的噪音时，感知语言的区域则不会有所反应。然而，我们并不能就此确定，某些植物人这种看上去与正常人相似的大脑反应，到底是反映了一些目前尚未检测到的意识活动，还是说这些大脑反应与高级意识无关，只是一种本能的、自发的神经信号，一种反射性反应。

为了验证这一点，我和梅农、神经科学家马特·戴维斯（Matt Davis）等同事做了一个极为重要的后续实验。我们决定给一些健康人注射镇静剂，然后在他们昏迷时，播放我们在先前实验中使用的两种录音。在这个实验里，我们选了一些麻醉师做志愿者。注射了短效麻醉剂丙泊酚，麻醉师们变得无意识后，我们给他们播放朗读录音。令人吃惊的是，麻醉师大脑中感知语言的区域和他们清醒时一样活跃。这个至关重要的证据告诉我们，某些植物人出现与正常人相似的大脑反应，并不能说明这些病人存在内隐意识。因为大脑感知语言的区域似乎会自动对言语产生应答，即使在我们没有意识的情况下。

是时候改变思路，换一个角度去探索植物人是否有内隐意识了——问题的关键并不在于病人的脑区是否能被激活，而在于能否通过病人的某种反应，确认他们是有意识的。我们把目光投向了临床上比较经典的意识评估方法：对指令的响应。

在医疗类电视剧中，经常能听到医生对病人说，"如果你能听见我说的话，就捏一下我的手"，指的就是这种方法。当然，我们的研究对象通常病情过重，没法用肢体语言对指令做出反应，不过，他们能否通过大脑想象，产生可检测到的大脑活动，对指令做出反应呢？

我们和比利时列日大学史蒂文·洛雷（Steven Laureys）实验室的神经科学家梅兰妮·博利（Mélanie Boly）合作，开展了下列实验：让正常人想象自己正在执行各种任务，比如想象正在唱圣诞颂歌、在家中闲逛，以及正在打一场激烈的网球赛，然后检测他们的大脑活动。大脑扫描结果显示，当正常人想象自己正在执行各种任务时，会产生强烈而稳定的大脑活动，并与真实执行这些任务时的大脑活动极为相似。

在这次实验中，我们用的是功能性磁共振成像技术（fMRI）。这种成像技术与正电子发射断层显像扫描不同，不需要注射示踪剂。我们发现，在功能性磁共振成像中，想象打网球和在家中闲逛，会让大脑发出最强最稳定的信号。想象打网球能激活志愿者大脑前运动皮层（premotor cortex），这个区域的作用是负责掌控运动功能。而想象在家中闲逛，则能激活顶叶（parietal lobe）和一个叫海马旁回（parahippocampal gyrus）的深层脑区，这两个脑区负责空间定位和导航。

正如电视剧里医生告诉病人："如果你听见了我说的话，就捏一下我的手"一样，通过问志愿者"如果你能听见我说的话，就想象你在打网球"，我们或许也能通过功能性磁共振成像，清晰、可靠地捕捉到病人对指令的响应。

我们在一位确诊为植物人的病人身上，使用了这一方法，令人震惊的是，第一次就成功了。这位年轻的女病人因遭遇车祸，脑部受到重创，一直昏迷。接受功能性磁共振扫描前，她已经有5个月对外界刺激完全没有反应，符合国际公认的植物人诊断标准。在扫描期间，我们让她数次按照指令，想象打网球和在家中闲逛。有意思的是，当她想象自己在打网球时，会与此前的健康志愿者一样，激活前运动皮层。而当她想象自己在家中闲逛时，也会激活顶叶和海马旁回。

由此，我们得出结论，尽管这位病人不能通过身体对外界刺激做出反应，但她是有意识的。这个发现将让医生、护士和她的家人重新认识她，并改变对待她的方式。尽管我不能给出明确的证据，但凭经验来说，我认为这一发现，会鼓励人们更愿意与病人交流、经常去探望他们，一起追忆往昔、开玩笑，这些做法肯定有助于提高病人的生活质量。

脑电图出场

此后几年中，我们用功能性磁共振成像技术，对尽可能多的病人进行了测试，以检验这一方法是否可靠，并寻求改进。2010年，我们与列日大学洛雷团队开展了一项新的合作，并将结果发表在了《新英格兰医学杂志》（*New England Journal of Medicine*）上。当时，我们发现，在23位被诊断为植物人的病人中，有4位（占17%）能够在功能性磁共振成像中，表现出明显的大脑反应。

研究中，我们还探索了让病人通过想象某一任务，来回答"是"或"否"的可能性。参与这项实验的病人，在5年前大脑受到创伤，经过数次检查，都被诊断为植物人。在做功能性磁共振成像时，研究人员会对这位病人讲，将会问他一些简单的问题，然后他可以通过想象自己在打网球（如果他回答"是"），或想象自己在家中闲逛（如果他回答"否"）来做出回应。不可思议的是，成像结果显示，这位病人居然成功回答了 5 个与个人生活有关的问题。比如，他能够指出，他有兄弟但没有姐妹，他父亲名叫亚历山大而非托马斯（为了保护病人的隐私，没有用真名）。他甚至还可以确认，在受伤前，他在假期中去过的最后一个地方的名字。为避免研究人员的主观因素影响实验结果，分析大脑成像结果的技术人员事先并不知道问题的答案，这些问题及答案都由病人家属提供。

很明显，这位病人的认知水平肯定不只是对周围环境有意识这么简单，因为"回答"我们的问题是一项复杂的任务。看起来，他仍具备一些高级认知功能，可以转移、保持和选择关注的焦点，可以理解语言，可以做出恰当的选择，可以将信息存储于工作记忆中并进行处理——比如，在作选择前，能听懂并记住研究人员规定的应答方式，以及回忆他受伤前发生的事。虽然这个病人可以通过大脑成像和我们进行"交流"，但当他躺回病床后，却依然无法与病床边的任何人交流。实验过后，医生们再次对这位病人进行了常规诊断及病情评估，这一次他们把评估结果由"植物人"改成了"微意识状态"——这提示我们，医生对这类病人的诊断并非是一锤定音、一成不变的。

2011 年 1 月，为更好地开展研究，我把整个研究团队搬到了加拿大西安大略大学。在那里，我组建了一个更大的团队，并得到了来自加拿大杰出研究教授项目（Canada Excellence Research Chair program）的资金支持。这让我们能够进一步扩大研究范围，深入解决一些关键问题——比如，我们是否可以使用这项技术，提高病人的生活质量。有一个年轻人已经被诊断为植物人 12 年了，我们问了他一个可能会改变他生活的问题。BBC 纪录片团队拍摄到了这个激动人心的时刻——当时，我们问他，"你感觉到疼痛吗？"结果通过大脑成像，我们发现他的回答是："没有，"这让我们十分欣慰。

另一个问题则是技术层面的——除了功能性磁共振成像，是否还有其他方法可以反映病人的大脑活动。给大脑严重受损的病人做功能性磁共振成像，是一项极具挑战性的工作。除了成像的成本较高，以及这种设备并不是谁都能用，病人的身体也需要承受很大的压力——病人通常由救护车送来，再转移到功能性磁共振成像设备内，"舟车劳顿"苦不堪言。有些病人很难在扫描仪内保持静止不动，还有些病人的身体内可能会有金属植入物（包括接骨板和钢钉），这都使功能性磁共振成像无法正常进行。

于是，我们开始寻找一种更经济、更方便的检测大脑活动的方法。最终，我们看中了脑电图（EEG）。利用这种技术，科学家可以通过贴在病人头皮上的无创电极，来记录大脑皮层中的神经活动，这样病人体内的金属植入物就不会影响检测结果，而最重要的一点是，脑电图检测可以直接在病床边实施。美中不足的是，脑电图难以检测到深层脑结构的反应，并且它的空间分辨率（也就是准确检测特定脑区反应的能力）也比功能性磁共振成像低得多。针对脑电图的这种局限，我们将想象的内容改成：让病人想象自己的手或脚在做简单动作，而这类活动由大脑皮层的表层控制，相关神经活动脑电图就可以记录到。达米安·克鲁斯（Damian Cruse）是我们实验室的一名博士后，他发现健康志愿者想象握紧右手或夹紧脚趾时，产生的脑电图存在明显差异。虽然不是从每个人身上都可以检测到这种差异，但到 2011 年，我们已经可以利用这种方法，在病床边对病人进行测试了。

我们买了一辆吉普车，把它改装成"脑电吉普车"，为它配备上电极、放大器和最强大的笔记本电脑，然后开着它到病人那里去。2011 年 11 月，我们在《柳叶刀》（Lancet）上发表了我们的研究。研究结果和功能性磁共振成像的研究结果相似：我们用脑电图测试了 16 位躺在病床上的植物人，其中有 3 位（占 19%）表现出了一定的意识活动，因为他们能够通过想象夹紧脚趾或握紧手掌，来对我们的指令做出响应。但是，因为脑电图分析极其烦琐，加上我们采用的统计算法新颖而复杂，另一个研究团队不相信这项研究的结果，对我们表示了质疑。幸运的是，运用更为可靠的功能性磁共振成像技术，我们可以证实，在脑电图测试中，大部分对指令做出明显反应的志愿者确实是有意识的。随后我们又进行了一系列测试，并重新发表文章，对此前文章中描述的脑电图方法进行了修正，解决了其他科学家提出的问题。为了使功能性磁共振成像和脑电图技术检测植物人内隐意识的过程更加规范，在得到了詹姆斯·S.麦克唐纳基金会（James S. McDonnell Foundation）资助后，我们和列日大学的同事以及另外两个国家的研究团队（包括之前曾经质疑我们的那个团队）开展合作，共同起草了一套规范流程。

通向脑机接口？

下一步，我们的研究将会走向何方？几十年来，科学家和科幻小说家一直憧憬着，有一天我们可以单纯依靠思维来交流。用功能性磁共振成像和脑电图检测植物人的意识，尝试与他们交流，把他们的想法传递到外部世界，为真正的脑机接口（brain-computer interfaces）开辟了道路。虽然我们开发出的设备，在帮助病人把特定想法转化成"是""否"或其他概念上，表现得越来越靠谱，但为大脑严重受损的病人量身打造与外界沟通的系统并非易事。病人几乎不能自主控制眼动，所以不能通过眨眼或转移注视点来与外界互动。此外，病人残存不多的认知能力——通常由脑损伤所致，也使那些当前流行的、需要进行大量扩展训练才能使用的设备，完全没有用武之地。

尽管存在阻碍，但功能性磁共振成像、脑电图和其他新技术广泛应用于检测植物人的内隐意识，必将是大势所趋，而这也必将引发一系列道德和法律上的问题。比如，当医生和病人家属决定中断病人的生命给养系统，而我们通过内隐意识得知病人不同意时，很显然我们得听病人的。现在已经可以借助功能性磁共振成像和脑电图技术直接问病人：以目前的状态，他／她是否愿意继续活下去。但是，即便我们得到了"是"或"否"的回答，我们还是会有所顾虑，担心病人是否足够清醒、理性。此外，我们还要考虑，这么重要的决定，我们需要问病人多少遍，每次间隔多长时间，才算合理，才能最后拍板？2011 年，对 65 位闭锁综合征（locked-in syndrome）病人的调查表明，病人对极其糟糕的瘫痪状态，有惊人的适应能力——大部分人对当前的生活质量表示满意。很明显，我们需要改变观念，需要有新的法律，来告诉我们如何处理这样的情况，以及由谁来处理。

回到文章开头提到的凯特，在她身上，奇迹发生了。这些年来我见过的植物人病人成百上千，她是非常特别的一位，在接受正电子发射断层显像扫描的几个月后，她开始逐渐康复。15 年后，凯特和家人住在了一起。她行动不便，需要依靠轮椅，说话有困难，但她重获了认知能力，幽默感也回来了，她还意识到，她和她的大脑在科学探索的进程中起到了重要作用。尽管第一次完全恢复意识时，她并不记得自己曾做过大脑扫描，但她却对那次扫描充满感激。"很难想象如果我当初没有做扫描，现在会变成什么样"，她在最近的一封电子邮件里写道，"请用我的案例告诉人们，这些扫描是多么有用。我希望更多人能够了解它们。大脑扫描就像魔法一样——它发现了我的存在"。